方峻（T.Fong）

香港多元跨界设计师，香港方黄建筑师事务所创始人。

先后在美国美联大学、意大利米兰理工学院、华侨大学、香港理工大学深造，修读哲学、建筑设计、设计管理的学士/硕士/博士课程及学位。

身兼香港室内设计协会专业会员（PM00408）、国际室内建筑师/设计联盟会员（0281）、中国建筑师学会室内设计分会会员（8030）、中国注册照明设计师（1358003057200092）等多项专业认证身份。

1997—2018年，方峻不仅带领香港方黄建筑师事务所成为行业典范，相继在上海、深圳、成都成立了分公司，其个人在专业领域的研究亦颇具造诣，目前已著逾十部个人作品专集及专业著作。其中，由他汇编的《装置艺术项目管理体系与应用》一书，被誉为"中国陈设（软装）精细化管理第一书"，被高校作为教材广泛使用；《不止设计 共赢卓越——香港方黄建筑师事务所企业管理标准体系》的出版，则填补了中国设计精细化管理的空白。

国际高级定制私邸精装设计标准手册

方峻 著

华中科技大学出版社

中国·武汉

内 容 简 介

    本书由香港多元跨界设计师方峻编写,是一部关于高端定制化私家别墅(豪宅)精装设计精细化管理的实用书籍。本书荟萃香港方黄建筑师事务所旗下专项事业部所负责运营的私家别墅(豪宅)精装工程经验,对私家别墅(豪宅)的设计理念、设计标准、室外工程、公共区域、人员交通、私享区域、后场区、技术标准、家具及固定装置、消防与生命安全要求、技术布线标准、睡眠健康等十余项内容,进行了翔实介绍与阐述,是一部具有前瞻性、系统性、实用性的别墅(豪宅)设计、管理、运营标准化手册。

图书在版编目(CIP)数据

国际高级定制私邸精装设计标准手册/方峻著 . —武汉:华中科技大学出版社,2018.4
ISBN 978-7-5680-3332-9

Ⅰ.①国… Ⅱ.①方… Ⅲ.①别墅-室内装饰设计-设计标准-手册 Ⅳ.①TU241.1-65

中国版本图书馆 CIP 数据核字(2017)第 209341 号

国际高级定制私邸精装设计标准手册　　　　　　　　　　　　　　　　　　　方 峻 著
Guoji Gaoji Dingzhi Sidi Jingzhuang Sheji Biaozhun Shouce

策划编辑:段园园　沈　斐

责任编辑:周永华

责任校对:何　欢

责任监印:朱　玢

出版发行:华中科技大学出版社(中国·武汉)　　　电话:(027)81321913
　　　　　武汉市东湖新技术开发区华工科技园　　　邮编:430223

录　排:武汉楚海文化传播有限公司

印　刷:中华商务联合印刷(广东)有限公司

开　本:880mm×1230mm　1/16

印　张:11.25

字　数:295 千字

版　次:2018 年 4 月第 1 版第 1 次印刷

定　价:88.00 元

序

早在改革开放不久,亦是内地房地产业发展如火如荼的时代,已成为数家大型知名房企战略合作伙伴的香港方黄建筑师事务所,却将目光投向了一个小众领域——高端定制化私家别墅(豪宅)的设计、施工与持续性管家服务,且将一部分精力投入这个领域的研究与开发,成立了专项事业部。令人称喜的是,经过数年的钻研、探索、实践、总结,事业部业已在高级定制私邸的设计、施工、运营及精细化管理领域摸索出了一条可行之道。

这个细分领域源于高阶市场的迫切需求,这也是一个最有可能率先摆脱市场急躁情绪,实现精细化管理的领域。这些年来随着国门打开,越来越多的人行走于欧美各国,见识了不少历经几百年历史如今依然卓尔不群的私家古堡豪宅,它们如艺术珍品一样引得人们的驻足赞叹。这些设计与室内工程很多用心良苦,可谓尽善尽美,那些前辈不仅仅是在打造度过一生的家,更是在倾力建造一份可以传承数代、数十代的基业。中国也有这样传世的私家府邸、百年宅院。2017年的热播剧《那年花开月正圆》中周莹的家宅就是这样的典范。

而社会的急躁却频频催生极糙产品,私家别墅(豪宅)的精细化设计与施工亟待标准化管理。通过多年的设计与工程施工经验积累,香港方黄建筑师事务所深谙"好的流程可以成就一个项目,差的流程可以毁掉一个项目"。香港方黄建筑师事务所希望能站在更高层次上帮助同业者甚至帮助客户建立标准规则。因此,此套两册书籍,把握私家府邸的设计与工程特点,从内容维度到过程维度,从评审到管控,环环相扣,将复杂的内容抽丝剥茧,尽可能地梳理得全面细致、清晰简明。

无论是设计还是施工,中国高级定制私邸精细化管理之路才刚刚开始,我们需要有水滴石穿的耐心与韧性,同时也需要有十年磨一剑的功底和匠心,香港方黄建筑师事务所将在此领域不断完善创新,谨以此书与同业者切磋。

目录

1 概论

■ 1.1 概述

1.1.1《国际高级定制私邸精装设计标准手册》是私邸外部环境设计、建筑和室内设计可遵照的标准。设立设计标准的深远意义在于建立同一品质和品牌的一致性，保持满足并超越客户的期望值，并用来衡量和保持国际高级定制私邸的设计品质及水准。

1.1.2 本标准定义了国际高级定制私邸精装设计的品质，建造师、设计师及机电顾问在私邸精装整体方案设计过程中，都必须以这些资料为指南。

1.1.3 本标准为私邸精装整体方案规定了建筑、室内及机电设计参数的最低标准，如某些问题未能解决，本标准将作为确定设计方向的标准。同样，本标准可作为业主、设计师、机电顾问及工程团队之间审核流程的基本文件。

■ 1.2 品牌定位及品牌显著特性

1.2.1 国际高级定制私邸精装设计配备私邸精装整体解决方案，包括涵盖测量放样放线、拆除工程、防火安全、室内环境污染控制、防水工程、抹灰工程、吊顶工程、轻质隔墙工程、门窗工程、墙面铺装工程、细部装饰工程、涂饰工程、地面铺装工程、给排水管道施工及卫生器具安装工程、电气安装工程、智能化工程、中央空调及地暖配合工程、安装与环境管理的全程设计及工程建设服务。

1.2.2 国际高级定制私邸精装设计及工程团队为以下人士提供高端私邸预定制服务。

（1）追求完善的家居功能及实用的先进科技的业主。

（2）对水质、空气、隔声等居住品质有高要求的业主。

（3）有节能环保意识，并对精装工程持续运营有高要求的业主。

■ 1.3 设计理念

1.3.1 环境氛围

整体设计必须保持温馨的氛围、高度的舒适以及实用的功能。

1.3.2 装饰材料

所用的环保材料都能与背景照明、附属装饰一同营造出轻松愉悦的氛围,创造一个以人为本的空间。

1.3.3 舒适安逸

(1) 通过完善的机电系统、设备设施、装饰饰面及家具摆设实现功能的舒适,且通过合理的智能化系统营造出高品质的效果。

(2) 在选择家具及设备设施等项目上考虑人体工程学,同时确定所选择的家具及设备设施等都符合整体设计理念。对于客户来说,舒适、温馨、安全是至关重要的。

■ 1.4 设计标准的架构

设计标准手册由 15 部分组成,以帮助设计师及各顾问理解国际高级定制私邸的设计要求。

1.4.1 概论:此部分介绍了品牌定位及特征,设计理念,设计标准的框架及使用,设计文件的审核及提交程序、变更等。

1.4.2 室外工程:此部分介绍了现场及建筑标牌、阳台、天台、天井、户外廊亭、景观、户外游泳池、停车场、人工水池、游艇码头、直升机停机坪的标准及要求。

1.4.3 公共区域:此部分介绍了私邸公共厅廊及各功能用房的精装设计标准及要求。

1.4.4 人员交通:此部分介绍了客用及服务电梯轿厢、电梯厅、走道、逃生楼梯、自动扶梯的精装设计标准及要求。

1.4.5 私享空间:此部分介绍了私邸主人房及卫生间、适童卧室及卫生间、适老(残障)卧室及卫生间、标准卧室及卫生间的精装设计标准及要求。

1.4.6 后场区:此部分介绍了所有办公室、储藏室、厨房、后勤服务区、电机房、辅助用房等的精装设计标准及要求。

1.4.7 技术标准:此部分介绍了各种饰面和装饰件的定义,私邸各空间的饰面方法和要求,各公共空间、私享空间及其他服务区域的精装和机电设计标准及要求。

1.4.8 家具、固定装置:此部分介绍了软装家具饰品和固定装置的设计标准及要求。

1.4.9 消防与生命安全要求:此部分介绍了符合国际高级定制私邸的消防安全设计标准及要求。

1.4.10 技术布线标准:此部分介绍了强弱电布线的标准及要求。

1.4.11 睡眠、健康:此部分介绍了国际高级定制私邸的核心理念,详解了达到此标准的相关精装设计要求。

1.4.12 LEED、WELL:此部分介绍了整个项目的设计、施工对绿色环保和健康的标准及要求。

1.4.13 BIM:此部分介绍了用数字信息仿真技术对建设工程全寿命周期共享数字化表达的标准及要求。

1.4.14 年度设备品牌表:此部分列出了国际高级定制私邸所用设备的推荐品牌。

1.4.15 年度材料品牌表:此部分列出了国际高级定制私邸所用材料的推荐品牌。

■ 1.5 设计标准的使用

1.5.1 此标准可作为建筑师、设计师及机电顾问在进行私邸精装工程时的设计和规划指导，也可作为国际高级定制私邸设计及工程团队实施工程资产评估的依据。

1.5.2 本标准建立了整体设计的理念，由于个体项目的差异性，当部分项目应用不达标时，应书面通报于项目管理方委派的管理团队并获得确认。

1.5.3 除了这些标准外，必须严格遵守项目所在地方、市、省以及国家建筑装饰法规及条例、安全法规，NFPA 101，国际残障人士法案的规定。

1.5.4 由于本标准的范围和深度，当条款之间产生矛盾时，应实行其中较严格的条款要求。

■ 1.6 设计确认审核程序

所有装饰设计方案及图纸必须由项目管理方委派的管理团队确认或其授权的设计师签字确认，所有机电设计方案及图纸必须由获管理方授权的机电顾问签字确认。

■ 1.7 文件提交要求

以下所列内容必须及时提交至项目管理方委派的管理团队，以符合项目经理配备的项目总进度。具体日期必须提前由项目管理方委派的管理团队确认同意。

私邸精装工程项目的设计审批必须分阶段提交至项目管理方委派的管理团队，提交如下文件。

1.7.1 最小比例为 1∶100 的地块位置图

对于现有项目，地块位置图必须标识室外标牌位置、停车位置、景观绿化、斜坡、走道、楼梯、残障人士停车区域、建筑位置、室外泳池、室外照明位置、路牙位置及详图、所有后勤服务区块。

1.7.2 最小比例为 1∶100 的室内平面图

内容包括：所有公共区域、人员交通区、私享区域、后场区等区域。

1.7.3 技术标准资料

内容包括：总的技术规范，全面描述基本的室外项目饰面、室内饰面、消防、机电系统等。

1.7.4 区域范围确定

内容包括：一份详细的建筑设备/区域面积分配表。

1.7.5 房间布置

内容包括：房间数量及各房间的功能，在所有房间中需要体现家具的布置。

1.7.6 最小比例为 1∶50/1∶20/1∶10 的室内节点详图

内容包括：各种类型房间的平面图、立面图及各个设计的做法详解，家具、摆设及设备的选样。

1.7.7 景观图，比例为 1∶100

内容包括：所有建筑的位置，道路停车区域、车道，所有建筑观景高度和规模，所有建筑尺寸和建筑的列表。由专业景观建筑师配备的景观和重点照明布置图必须在施工前交由项目管理方委派的管理团队审批。

1.7.8 标牌

内容包括:所有室外及室内标牌的位置和饰材尺寸图纸。

1.7.9 室外游泳池及休闲区

图纸内容包括:泳池表面饰面图以及显示不同深度的纵向剖面图。

1.7.10 五金资料

内容包括:具体技术范围(制造厂商、型号、操作详规)以及所有区域五金详细说明。

1.7.11 门资料

内容包括:门的型号、位置、用途和安装规范,如防火等级、隔声条等。

1.7.12 灯具列表示意图

内容包括:所有公共区域、人员交通区、私享区域、后场区等空间的天花、地面和墙面照明,以及活动照明灯具。

1.7.13 饰面图、色板、家具设施表、材料样板、室内渲染图

(1)所有墙面饰面图并附尺寸。

(2)所有墙面、装饰材料和木制品的室内立面图。

(3)平面图,显示家具布置、地面高低和地面饰材。

(4)已贴说明标签的所有墙面、地面和天花的饰面样板。

(5)已贴说明标签的所有软包、窗帘、靠垫、床单和床上织物等的样品。

(6)所有家具设计选样图纸,包括每种类型家具的尺寸。

(7)所有照明灯具技术图纸。

(8)非常规木制品或装饰材料的轴测图纸。

(9)主要区域的室内彩色透视渲染图。

1.7.14 供热、通风及制冷图纸

(1)各功能房间的系统图和技术规范。

(2)各功能房间的通风系统图和技术规范。

1.7.15 比例为1:20的施工详图

(1)具有隔声等级的室内墙面剖面图。

(2)室内所有功能房间详图。

(3)阳台/室外走道扶手详图。

1.7.16 图纸必须显示地面以上和以下的建筑排水,以及所有建筑物之外的排水。

1.7.17 进度报告

(1)必须根据项目管理方委派的管理团队的要求定时提交施工图阶段的进度报告。

(2)每次现场会议必须提交更新的进度报告。

1.7.18 消防安全建议

由建筑师、工程师、建筑部门或有资质的安装人员所配备的确认消防安全的文件资料必须满足或超过私邸精装项目消防安全的标准,并且必须经过全面测试及营运。

1.7.19 建筑师/承包商证明

由建筑师或总承包商发出的证明信件,证明私邸精装项目按所递交图纸建造,并提供竣工图。

1.7.20 保险

直至移交阶段所要求的保险证明。

1.7.21 设备操作手册/质保书以及所有承包商/供应商的联系清单

内容包括:项目的所有供应商详细列表,及其产品的参考文件、保证书、数量清单和持续生产证明。

■ 1.8 文件提交审批程序

1.8.1 概念设计阶段

(1) 这一方案设计阶段确定整个私邸精装项目的公共区域、人员交通区、私享区域、后场区以及设备间区域的布局。同时也确定设计方向和设计方法。

(2) 第一步文件提交时间为本阶段末期,为100%概念设计。

(3) 所提交的内容为两份最小比例为1:100的A1或者A0的图纸/概念示意图板。

(4) 整个室内平面的手绘或CAD图纸。

(5) 以面积(m^2)显示各部门之间的有效功能关系。

(6) 必须符合私邸精装工程设施及区域的设计要求。

(7) 内部垂直和水平交通分析表。

(8) 私邸内各空间的样式格调/图片样板。

(9) 一份经评议的文件会发回至业主,另一份文件将由项目管理方委派的管理团队作为记录保存,并需要在两至三周内进行审核和评议。

(10) 根据项目会议讨论结果,可能会有其他附加内容,设计代表建筑师或设计师要在深化设计前得到项目管理方委派的管理团队的回复。在收到这些文件后10个工作日,这些内容可得到回复。

1.8.2 深化设计阶段

(1) 深化设计阶段将完成约50%的图纸。在业主和项目管理方委派的管理团队确认的区域规划基础上,设计团队将对项目进行进一步的深化提炼和方案设计。

(2) 第二步文件提交时间为本阶段末期,为100%深化设计。

　①所提交的文件为两份比例为1:100的A1或者A0的图纸(功能房间为1:50的A3图纸),以及家具设施样板、材料样板、渲染图。

　②所有楼层平面图、立面图、剖面图的CAD图纸,以及技术大纲。

　③这些平面面和技术规范包括项目结构完整的空间描述、尺寸和功能关系,以及室外和室内主要饰面、材料、结构系统、空调、电气、排水系统和项目其他主要部分的描述。

　④能够清晰表达室内所有功能房间和室外工程的设计深化概念。

⑤家具平面、饰面和家具设施技术规范,以及两套完整的室内设计图纸,包括所有区域装饰、织物和饰面的色板,详细木作及活动家具控制节点、卫生洁具五金表和艺术品列表等。

⑥以上这些文件将提交至项目管理方委派的管理团队,并将会在两至三周内对这些文件进行审批和回复。

1.8.3 合同文件阶段

(1)该合同图纸及技术规范阶段将完成90%的详细设计施工图纸。在业主和项目管理方委派的管理团队确认的深化设计图纸基础上,设计团队将对项目所有设计进行全面的文件准备工作。

(2)第三步和最后的文件提交时间为本阶段末期,为100%合同文件。

(3)所提交的内容为两份比例为1:100的A1或者A0的图纸(功能房间为1:50的A3图纸),以及A4尺寸的技术规范、各类图表,包括以下内容。

①完整的所有建筑、室内空间施工图纸文件。

②完整的家具平面、饰面和设施设备技术规范招标文件。

③完整的机电工程、消防安全工程的施工图纸文件。

④完整的灯光照明、音响及隔间施工图纸文件。

⑤完整的通信、安全和网络招标文件。

⑥完整的标牌和图标列表。

⑦完整的艺术品位置图和图表。

⑧完整的经协调过的平面图。

(4)以上这些文件应提交至项目管理方委派的管理团队,同时需三至四周对这些文件进行审批和回复。

(5)一份经评议的文件将发回至业主,另外一份文件将由项目管理方委派的管理团队作为记录保存。

(6)备注:如有需要,这些设计应取得地方政府部门批准,并具有开发许可、报建核准及其他必须的批复。项目管理方委派的管理团队应负责获得这些批复。

1.9 变更

1.9.1 本设计标准旨在为每个私邸精装工程的规划、设计和施工建立一个统一的标准。但是,由于施工现场条件的限制和因其他变化因素产生的变更,这些标准中的某些内容将会难以达到。

1.9.2 变更程序可用来解决此类问题,变更是逐个进行评估的。项目管理方的宗旨是:当具体要求不能达到时,需要寻求其他能够达到原标准要求的相同的或相似质量的可选方案。

1.9.3 需注意:对于消防安全和品牌确认标准的变更将不予接受。

1.9.4 现有结构的翻新,有时会遇到不能完全遵从标准或经济上不可行的限制。这些问题将被审核并有以下四种可能的结果。

（1）拒绝变更。

（2）允许具有一定时间限制的临时变更。

（3）允许永久性变更。

（4）允许在可选方案基础上有条件地进行变更。

1.9.5 拒绝变更

某些变更会被拒绝，因为申请人不能有效地提供变更依据，或者所提出的变更要求将危及生命安全或品牌的定性。在此类情况下，申请人应该完全按照标准执行。

1.9.6 临时变更

在某些情况下允许临时变更。临时变更必然有具体的时间限制。例如，如果某房间地毯近期已安装铺贴并且安装后情况良好，但是没有达到标准要求的重量，那么就可以允许临时变更。但是，这类变更必须规定该地毯在一定期限内必须由符合标准的地毯所替代，或者当其不能达到设计工程现场察看的质量标准时替代，二者选较快者。

1.9.7 永久性变更

永久性变更只发生在极少数情况下。例如，历史性物业建筑虽不能达到最低的房间尺寸标准，但是能配备高品质的独特空间。在这种情况下，质量得到保障，则允许做达到最低尺寸标准的永久性变更。

1.9.8 条件性的变更

最后的选项为条件性的变更。这表示所允许的变更是附有一定条件的。例如，可以允许没有功能性设施，但是必须得到项目管理方委派的管理团队及业主的认可。

1.9.9 标准的变更申请必须包含的信息

允许变更的具体技术规范和书面解释、图表或其他形式的解释及变更理由。项目某阶段的变更必须在同一时间提交申请。变更申请必须呈送到项目管理方委派的管理团队。

1.9.10 所有提交审核的变更将在接收后进行审批操作，并划入下一个审核委员会的议事日程。该委员会将每隔两周碰面。经过审核，选择一种以上变更处理方案给予申请者，并作为项目的长久资料保存。

1.9.11 项目管理方委派的管理团队的宗旨是迅速审核并顾及与该申请相关的所有信息。但是，每一项变更事宜都将基于项目特点、地理位置和其他相关信息进行审核。这样私邸精装工程可以在全球市场上保持其一贯的品牌风格，保证设施以及材料和装饰的质量，以更好地巩固国际高级定制私邸的良好形象。

2 室外工程

2.1 现场及标牌

2.1.1 必须由标牌制造商根据私邸精装项目的现场情况及需求,制定一套完善的标牌方案,包括标牌类型、数量、位置和规格等。

2.1.2 建筑表面标牌不允许有裸露的电线管和/或线槽。

2.1.3 室外标牌必须在项目完工前完成安装和调试工作。

2.1.4 停车场标牌

(1) 通往停车区的方向标牌必须清晰可见。

(2) 为便于车辆准确定位,停车库必须安装区域标牌。

2.2 阳台

2.2.1 阳台的最小深度为 1500 mm。

2.2.2 阳台设计必须考虑私密性和安全性。相邻阳台必须隔离视线。

2.2.3 阳台的地面必须做好防水处理。

2.2.4 阳台栏杆的最低高度为 1100 mm,至少部分开放或透明以便于观看外部景色。栏杆上所有洞口不得大于 100 mm,且必须包括一个高度不超过 50 mm 的下横挡。栏杆不得有横栏或设计有可令儿童攀爬的元素。

2.3 天台

2.3.1 天台的墙地面必须做好防水处理。

2.3.2 地面应做坡度并坡向排水沟或地漏。

2.3.3 应选用全天候材料进行装饰。

2.3.4 选择结实并且经久耐用的护栏,高度不得低于 1100 mm。

2.3.5 设计天台花园时应遵循的原则

（1）安全原则。

　　①荷载承重安全。

　　②防水。

　　③抗风。

　　④活动者的防护安全。

（2）美观原则。

　　①统一与变化。

　　②对比与相似。

　　③均衡。

　　④比例与尺度。

　　⑤韵律与节奏。

（3）功能与原则。

　　①改善生态环境。

　　②满足活动者的使用需求。

■2.4　天井

2.4.1 天井的墙地面及与室内衔接处需要做好防水处理。

2.4.2 地面应设计坡度并坡向排水沟或地漏。

2.4.3 应选择经久耐用的材料进行装饰。

2.4.4 整体色调与材质应与建筑外立面相协调。

■2.5　户外廊亭

2.5.1 户外廊亭如与建筑室内有衔接必须做好防水处理，并且地面坡向外侧或地漏。

2.5.2 所有材料应经久耐用，如有铁艺应做好防锈处理。

2.5.3 电源插座应有防水盖板。

■2.6　景观

2.6.1 必须由注册景观建筑师设计景观方案并确定所有景观材料。

2.6.2 所有景观设施必须配备至少一年的质量保证。

2.6.3 景观总面积须达到场地总面积的 10%。

2.6.4 主景观区必须做到大方和集中，并应设置在园区入口、私邸主入口和其他入口、室外泳池平台以及用于公共活动的室外花园等区域。

2.6.5 次景观区必须覆盖私邸建筑周界、停车区和场地周边。

2.6.6 推荐采用当地肉质多汁/抗旱植物,而避免采用需要大量水分的植物。

2.6.7 用景观设计元素增强视野效果,同时还要挡住停车场、服务区和其他安装设备等不希望被看到的场所。

2.6.8 不得采用木质挡土墙。

2.6.9 所有机电设施必须远离入口,并屏蔽在视线以外。

2.6.10 室外景观必须配备埋地式自动灌溉系统。再生水仅可用于灌溉。

2.6.11 边坡坡度不得大于 2∶1(垂直高度/水平宽度)。所有坡度大于 3∶1(垂直高度/水平宽度)的边坡必须进行加固。远离建筑的所有景观区的边坡坡度不得大于 1∶25(垂直高度/水平宽度)。

2.6.12 景观区应配备永久性地下排水系统以保证排水畅通。

2.6.13 景观区灌溉喷头必须与停车区的路缘石保持 600 mm 至 900 mm 的距离。喷头洒水不得洒落到建筑幕墙上、停放车辆处或人行道上。

2.6.14 灌溉系统的所有阀门箱和附属设施应安装在方便到达的景观区内,并且应屏蔽在景观视野以外。

2.6.15 灌溉系统的定时器应尽量安装在私邸后场区内。

■ 2.7 户外游泳池

2.7.1 私邸精装项目可配置一个户外游泳池。

2.7.2 尺寸要求

(1)室外游泳池的最小水面面积为 167 m^2。

(2)除非泳池采用零深度斜坡式进口,泳池的最小深度为 900 mm,最大深度为 1200 mm。

2.7.3 室外游泳池的朝向必须满足从上午十点到傍晚的时间范围内阳光均能无遮挡地照射到泳池。

2.7.4 游泳池饰面必须为瓷砖、泳池石膏或不锈钢。不允许采用涂料、聚氯乙烯和乙烯基塑料衬里。

2.7.5 泳池池体

(1)泳池池体必须采用混凝土或不锈钢材质。

(2)泳池混凝土贴面必须采用瓷砖或预期寿命 15 年的泳池石膏。

(3)不锈钢泳池池体饰面必须采用瓷砖或者 320♯ 表面色的不锈钢。

■ 2.8 停车场

2.8.1 停车区应当设置在方便进出的位置。

停车区分配必须按照园区各个入口的预期使用情况来考虑。

2.8.2 服务车辆不得穿越客人停车区。

2.8.3 最低照度要求参见第 7.8.4 条。

2.8.4 地面停车场

(1) 当汽车悬架可能损坏路灯杆、景观或其他物体时,必须设置车轮挡车器。

(2) 停车区和车道区必须采用混凝土、防水沥青或碎石路面。

(3) 所有服务区应采用混凝土铺面,如垃圾站、卸货平台、服务入口等。

(4) 停车区必须设计可靠的排水设施以防止积水。

(5) 所有停车场与车道边缘应设置 152 mm 混凝土路沿与排水沟,或采用花岗岩倒斜坡路缘石。停车区和车道边缘不允许采用沥青路沿。

(6) 所有停车区与主车道必须采用带路沿的景观岛进行隔离。不允许沿入口车道停车。

(7) 停车位的最小宽度为 3000 mm,每 36 m 停车场宽度方向中心线间距最多设置四排停车位和两条车道。

(8) 停车场地面划线必须采用白色或黄色,消防车道和非停车区颜色应根据当地交通法规进行设置。

2.8.5 停车位

(1) 停车位处从路缘石表面到车道的最小距离为 5000 mm。

(2) 停车位之间的最小中心线距离为 2400 mm。

2.9 人工水池

2.9.1 人工水池如无护栏则水体在近岸 2000 mm 范围内,水深不应大于 500 mm。

2.9.2 人工水池设计为硬底的则近岸 2000 mm 范围内的水深不得大于 700 mm,达不到此要求的应设护栏。无护栏的园桥、汀步附近 2000 mm 范围以内的水深不得大于 500 mm。

2.9.3 溪流的坡度应根据地理条件及排水要求而定。普通溪流的坡度宜为 0.5%,急流处为 3%左右,缓流处不超过 1%。溪流宽度宜在 1000~2000 mm,水深一般为 300~1000 mm,超过 400 mm 时,应在溪流边采取防护措施(如石栏、木栏、矮墙等)。为了使环境景观在视觉上更为开阔,可适当增大宽度或使溪流蜿蜒曲折。溪流水岸宜采用散石和块石,并与水生或湿地植物的配置相结合,减少人工造景的痕迹。

2.9.4 水景景观以水为主。水景设计应结合场地气候、地形及水源条件。南方干热地区应尽可能配备亲水环境,北方地区在设计水景时,还必须考虑结冰期的枯水景观。

2.10 游艇码头

2.10.1 泊位允许停泊高一般为 1000~2000 mm。

2.10.2 应按照船型尺度设计码头。

2.10.3 防波堤口门的方向设计应充分考虑风向、波浪、潮流。

2.10.4 航道宽度取决于风、浪、流等自然条件。

2.10.5 游艇提升机可分为固定式和流动式。

2.10.6 固定式提升机

(1) 叉式提升机。

(2) 台式提升机。

(3) 固定式起重机。

(4) 电动葫芦提升机。

2.10.7 流动式提升机

(1) 正面叉车、侧面叉车。

(2) 行走式起重机。

(3) 汽车起重机。

(4) 轮胎起重机。

2.10.8 使用荷载参数

木栈桥主要考虑使用者步行、搬运物品,宽度一般为 2000～3000 mm,人群荷载通常按均布活荷载标准值 2.0～3.0 kN/m²,集中荷载 1.6 kN·m² 考虑。

2.11 直升机停机坪

2.11.1 直升机停机坪在屋面的荷载应根据直升机总重量按局部荷载考虑。

2.11.2 根据直升机总重量按局部荷载考虑的荷载效应不低于按等效均布荷载 5.0 kN/m² 考虑的计算结果。

2.11.3 直升机停机坪在屋面的荷载应考虑荷载的动力系数。

2.11.4 《建筑结构荷载规范》(GB 50009—2012)规定了屋面直升机停机坪荷载的取值原则,但未规定对其支承结构构件的计算是否应考虑荷载折减,一般情况下屋面直升机停机坪的位置相对固定,范围相对较小,因此对其荷载的折减宜根据不同情况区别对待。

2.11.5 对屋面直升机停机坪的荷载,当直升机总重量按局部荷载考虑的荷载效应起控制作用时,建议不考虑活荷载的折减系数;当等效均布荷载(5.0 kN/m²)的效应起控制作用时,建议考虑活荷载的折减系数。

3 公共区域

■3.1 入户门厅

3.1.1 基本要求

(1) 入户门厅是进入室内的第一个空间,其设计应给人带来一种舒适感。

(2) 在邻接处设计一间更衣室,方便存放外衣、鞋、行李等物品。

(3) 在入户门的户外侧设置可视对讲系统。

3.1.2 饰面设计选项

(1) 天花。

　　①石膏板乳胶漆。

　　②顶面线条。

　　　　a. 石膏线条。

　　　　b. 木质线条。

(2) 墙面。

　　①乳胶漆。

　　②艺术漆。

　　③壁纸、壁布。

　　④石材。

　　⑤木饰面。

　　⑥墙面线条。

　　　　a. 石材线条。

　　　　b. 石膏线条。

　　　　c. 木质线条。

(3) 地面。

　　①石材。

　　②榫接木地板。

　　③踢脚线。

  a. 石材踢脚线。

  b. 石膏踢脚线。

  c. 木质踢脚线。

3.1.3 门及锁具

（1）入户门设计为双扇定制实木平开门。

（2）高度不低于 2400 mm。

（3）采用钥匙锁或电子密码锁。

3.1.4 照明

（1）一般照明参见第 7.8.4 条。

（2）在装饰品或装饰画处设计重点照明。

3.1.5 机电点位设计选项

（1）入口处墙面设置智能控制面板。

（2）单组沙发区设置 2 个电源插座和 1 个电话网络插座。

（3）根据立面效果在其他墙面平均设置至少 2 个电源插座。

（4）入户门的户外侧预留可视对讲系统的机电点位。

3.1.6 软装设计选项

（1）活动家具。

  ①至少设计一组沙发。

  ②装饰边柜。

（2）活动块毯。

沙发组区设置活动块毯。

（3）装饰灯具。

  ①装饰吊灯。

  ②装饰壁灯。

（4）窗帘。

  ①装饰布帘。

  ②电动半遮光帘。

  ③防蚊纱帘。

（5）装饰品及装饰画。

3.1.7 设备设施选项

背景音乐喇叭。

3.2　大厅

3.2.1 基本要求

（1）大厅通常给人留下第一印象，其设计应有高贵品质感。

（2）大厅高度不宜低于 5000 mm。

3.2.2 饰面设计选项

（1）天花。

    ①石膏板乳胶漆。

    ②顶面线条。

      a.石膏线条。

      b.木质线条。

（2）墙面。

    ①乳胶漆。

    ②艺术漆。

    ③壁纸、壁布。

    ④石材。

    ⑤木饰面。

    ⑥墙面线条。

      a.石材线条。

      b.石膏线条。

      c.木质线条。

（3）地面。

    ①石材。

    ②榫接木地板。

    ③踢脚线。

      a.石膏踢脚线。

      b.木质踢脚线。

      c.石材踢脚线。

3.2.3 门及锁具

大厅与门厅及公共走道相通，通常设计为空门套。

3.2.4 照明

（1）一般照明参照第 7.8.4 条。

（2）在装饰品或装饰画处设计重点照明。

3.2.5 机电点位设计选项

（1）入口处墙面设置智能控制面板。

（2）根据立面效果墙面平均设置至少 2 个电源插座。

3.2.6 软装设计选项

（1）活动家具。

    ①装饰桌。

    ②装饰边柜。

（2）装饰灯具。

　　①装饰吊灯。

　　②装饰壁灯。

（3）窗帘。

　　①装饰布帘。

　　②电动半遮光帘。

（4）装饰品及装饰画。

3.2.7 设备设施选项

背景音乐喇叭。

■ 3.3　主楼梯

3.3.1 基本要求

（1）主楼梯的设计应与整体风格相匹配。

（2）各尺度应符合人体工程学。

（3）踏面的宽度以 300 mm 为宜，不得小于 250 mm，踏步高度以 150 mm 为宜，不得高于 175 mm。

（4）栏杆高度不得低于 1050 mm，栏杆立杆间距不得大于 110 mm，如有花型则最大空洞区不得大于 100 mm。

3.3.2 饰面设计选项

（1）楼梯侧边。

　　①乳胶漆。

　　②艺术漆。

　　③石材。

　　④木饰面。

　　⑤线条。

　　　　a. 石膏线条。

　　　　b. 木质线条。

　　　　c. 石材线条。

（2）楼梯底边。

　　①乳胶漆。

　　②艺术漆。

　　③木饰面。

　　④线条。

　　　　a. 石膏线条。

　　　　b. 木线条。

(3) 楼梯踏步。

  ①石材。

  ②木质。

  ③地毯。

  ④踢脚线。

   a. 石膏踢脚线。

   b. 木质踢脚线。

   c. 石材踢脚线。

3.3.3 照明

一般照明参见第 7.8.4 条。

3.3.4 软装设计选项

(1) 装饰灯具。

  ①装饰吊灯。

  ②装饰壁灯。

(2) 窗帘。

  ①装饰布帘。

  ②电动半遮光帘。

(3) 装饰品及装饰画。

3.3.5 设备设施选项

背景音乐喇叭。

■ 3.4　宴会(多功能)厅

3.4.1 基本要求

(1) 宴会(多功能)厅是一个有多种功能的空间,可兼顾会客、展示、舞会等需求。

(2) 空间的高度不宜低于 5000 mm。

(3) 设计真火壁炉可增加空间氛围,同时应考虑壁炉烟囱的预设。

(4) 邻接处应设计一间机电控制室来辅助多功能厅的使用。

3.4.2 饰面设计选项

(1) 天花。

  ①石膏板乳胶漆。

  ②顶面线条。

   a. 石膏线条。

   b. 木质线条。

(2) 墙面。

  ①乳胶漆。

②艺术漆。

③壁纸、壁布。

④硬包、软包。

⑤石材。

⑥木饰面。

⑦墙面线条。

　　a. 石材线条。

　　b. 石膏线条。

　　c. 木质线条。

（3）地面。

①石材。

②榫接木地板。

③踢脚线。

　　a. 石膏踢脚线。

　　b. 木质踢脚线。

　　c. 石材踢脚线。

3.4.3 门及锁具

（1）双扇实木双开门。

（2）高度不低于 2400 mm。

（3）采用通道锁。

3.4.4 照明

（1）一般照明参照第 7.8.4 条。

（2）在装饰品或装饰画处设计重点照明。

（3）由灯光顾问设计有专业展示功能的可调节轨道射灯系统。

（4）在壁炉处设计重点照明。

3.4.5 机电点位

（1）入口处墙面设置智能控制面板。

（2）根据立面设计每 6000 mm 左右设置 1 个电源插座。

（3）设置带高速互联网接入口和笔记本电脑接口的投影仪和大屏幕显示、DVD 播放器或有
线电视的视频图像、数字展示平台，嵌入式电子投影机，视频会议以及所有必要的辅助输
入设备、音频支持设备、五碟式 CD 播放器和卡带录音机、讲演台、无线麦克风等装置。

（4）在中间展示柜及沙发组区预留内嵌式定制强弱电插座组。

（5）机电控制室应设置各设备设施所需的机电点位，并至少多设 2 个作为备用。

3.4.6 软装设计选项

（1）活动家具。

①沙发组。

②展示柜。

③休闲椅。

(2) 活动块毯。

沙发组区设计活动块毯。

(3) 装饰灯具。

①装饰吊灯。

②装饰壁灯。

(4) 窗帘。

①装饰布帘。

②电动全遮光帘。

③电动半遮光帘。

④防蚊纱帘。

(5) 装饰品及装饰画。

3.4.7 设备设施选项

(1) 背景音乐喇叭。

(2) 多媒体视频设备。

(3) 高品质音响分布式扩音系统设备。

(4) 真火壁炉。

■ 3.5　会客厅

3.5.1 基本要求

(1) 会客厅是接待会客的区域,其设计应简洁大方,给人一种轻松感。

(2) 可设计电子装饰壁炉,同时应考虑机电点位的预留。

3.5.2 饰面设计选项

(1) 天花。

①石膏板乳胶漆。

②顶面线条。

　a. 石膏线条。

　b. 木质线条。

(2) 墙面。

①乳胶漆。

②艺术漆。

③壁纸、壁布。

④硬包、软包。

⑤木饰面。

　　　　⑥墙面线条。

　　　　　　a.石膏线条。

　　　　　　b.木质线条。

　（3）地面。

　　　　①石材。

　　　　②榫接木地板。

　　　　③地毯。

　　　　④踢脚线。

　　　　　　a.石膏踢脚线。

　　　　　　b.木质踢脚线。

3.5.3 门及锁具

（1）单扇实木单开门。

（2）高度不低于 2100 mm。

（3）采用通道锁。

3.5.4 照明

（1）一般照明参照第 7.8.4 条。

（2）在装饰品或装饰画处设计重点照明。

3.5.5 机电点位设计选项

（1）入口处墙面设置智能控制面板。

（2）沙发组区设置 1 个电源插座、1 个带 USB 接口的电源插座及 1 个电话网络插座。

（3）根据立面效果在其他墙面平均设置至少 2 个电源插座。

（4）为电子装饰壁炉预留电源插座。

（5）电视机安装处墙面预设内嵌式强弱电插座组供电视机使用。

3.5.6 软装设计选项

（1）活动家具。

　　　　①沙发组。

　　　　②装饰边柜。

　　　　③休闲椅。

（2）活动块毯。

沙发组区设计活动块毯。

（3）装饰灯具。

　　　　①装饰吊灯。

　　　　②装饰壁灯。

（4）窗帘。

　　　　①装饰布帘。

　　　　②电动半遮光帘。

③防蚊纱帘。

（5）装饰品及装饰画。

3.5.7 设备设施选项

（1）背景音乐喇叭。

（2）电子装饰壁炉。

（3）电视机。

■3.6 特色休闲厅

3.6.1 基本要求

（1）根据需求设计中式、日式、西式等富于主题特色的休闲厅。

（2）空间具有品茶聊天、休闲娱乐等相应的功能。

（3）体现相应主题的精神内涵。

3.6.2 饰面设计选项

（1）天花。

　　①石膏板乳胶漆。

　　②木饰面吊顶。

　　③顶面线条。

　　　　a.石膏线条。

　　　　b.木质线条。

（2）墙面。

　　①乳胶漆。

　　②艺术漆。

　　③壁纸、壁布。

　　④硬包、软包。

　　⑤木饰面。

　　⑥墙面线条。

　　　　a.石膏线条。

　　　　b.木质线条。

（3）地面。

　　①榫接木地板。

　　②地毯。

　　③踢脚线。

　　　　a.石膏踢脚线。

　　　　b.木质踢脚线。

3.6.3 门及锁具

（1）单扇实木单开门。

（2）高度不低于 2100 mm。

（3）采用通道锁。

3.6.4 照明

（1）一般照明参照第 7.8.4 条。

（2）在装饰品或装饰画处设计重点照明。

3.6.5 机电点位及设计选项

（1）入口处墙面设置智能控制面板。

（2）根据立面效果在墙面平均设置至少 2 个电源插座。

3.6.6 软装设计选项

（1）活动家具。

    ①装饰桌。

    ②休闲椅。

（2）装饰灯具。

    ①装饰吊灯。

    ②装饰壁灯。

（3）窗帘。

    ①装饰布帘。

    ②电动半遮光帘。

    ③防蚊纱帘。

（4）装饰品及装饰画。

3.6.7 设备设施选项

背景音乐喇叭。

3.7　餐厅

3.7.1 基本要求

（1）一个正式的餐厅应营造一种高档精美的环境氛围。

（2）在邻接处应设计一间备餐间。

3.7.2 饰面设计选项

（1）天花。

    ①石膏板乳胶漆。

    ②顶面线条。

      a. 石膏线条。

      b. 木质线条。

（2）墙面。

    ①乳胶漆。

    ②艺术漆。

    ③壁纸、壁布。

    ④硬包、软包。

    ⑤木饰面。

    ⑥墙面线条。

      a. 石膏线条。

      b. 木质线条。

（3）地面。

    ①石材。

    ②榫接木地板。

    ③踢脚线。

      a. 石膏踢脚线。

      b. 木质踢脚线。

3.7.3 门及锁具

（1）双扇实木双开门。

（2）高度不低于 2100 mm。

（3）采用通道锁。

3.7.4 照明

（1）一般照明参照第 7.8.4 条。

（2）在装饰品或装饰画处设计重点照明。

（3）在餐桌处加强照明。

3.7.5 机电点位设计选项

（1）入口处墙面设置智能控制面板。

（2）其他墙面平均布置至少 2 个电源插座。

3.7.6 软装设计选项

（1）活动家具。

    ①餐桌。

    ②餐椅。

    ③餐边柜。

    ④休闲椅。

（2）装饰灯具。

    ①装饰吊灯。

    ②装饰壁灯。

（3）窗帘。

    ①装饰布帘。

    ②电动半遮光帘。

    ③防蚊纱帘。

（4）装饰品及装饰画。

3.7.7 设备设施选项

背景音乐喇叭。

■ 3.8　生活厅厨

3.8.1 基本要求

（1）生活厅厨是家政活动的重要场所,应设计一个合理的操作动线,如准备→洗涤→调理→烹饪→装盘→上菜等,不可混乱。

（2）可设置中岛台。

（3）应在邻接处设计一间备餐间。

（4）设置早餐区。

3.8.2 饰面设计选项

（1）天花。

    ①石膏板乳胶漆。

    ②顶面线条。

     a.石膏线条。

     b.木质线条。

（2）墙面。

    ①乳胶漆。

    ②艺术漆。

    ③壁纸、壁布。

    ④石材。

    ⑤木饰面。

    ⑥墙面线条。

     a.石膏线条。

     b.木质线条。

（3）地面。

    ①石材。

    ②榫接木地板。

    ③踢脚线。

     a.石膏踢脚线。

     b.木质踢脚线。

3.8.3 门及锁具

（1）双扇实木双开门或移门。

（2）高度不低于 2100 mm。

（3）采用通道锁。

3.8.4 照明

（1）一般照明参照第 7.8.4 条。

（2）在橱柜台面处设计重点照明。

3.8.5 机电点位设计选项

（1）入口处墙面设置智能控制面板。

（2）橱柜灯具单独控制，开关面板设置在就近的墙面上，但应远离水槽和炉灶。

（3）对所有配备的电器及家电设备都预留电源插座及给排水点位。

（4）橱柜操作台台背墙面多预留 2～3 个电源插座以备后用。

（5）其他墙面至少预设 2 个电源插座。

3.8.6 固定家具

由专业整体橱柜厂商定制。

3.8.7 软装设计选项

（1）活动家具。

 ①中岛吧椅。

 ②至少可供 6 人使用的餐桌。

 ③餐椅。

（2）窗帘。

 ①电动半遮光帘。

 ②电动罗马帘。

 ③防蚊纱帘。

3.8.8 设备设施选项

（1）背景音乐喇叭。

（2）灶具。

（3）油烟机。

（4）水槽及龙头。

（5）冰箱。

（6）酒柜。

（7）烤箱。

（8）微波炉。

（9）食物粉碎机。

（10）直饮水净水器。

（11）其他厨房家电设备。

■ 3.9　书房

3.9.1 基本要求

（1）书房是主人进行商务办公及商务洽谈的空间，照明应简洁明亮。

（2）应配备完整的办公所需的功能性家具。

（3）应配备完整的办公设备。

3.9.2 饰面设计选项

（1）天花。

　　①石膏板乳胶漆。

　　②顶面线条。

　　　a. 石膏线条。

　　　b. 木质线条。

（2）墙面。

　　①乳胶漆。

　　②壁纸、壁布。

　　③硬包、软包。

　　④木饰面。

　　⑤墙面线条：木质踢脚线。

（3）地面。

　　①榫接木地板。

　　②地毯。

　　③踢脚线：木质踢脚线。

3.9.3 门及锁具

（1）双扇实木双开门。

（2）高度不低于 2100 mm。

（3）采用钥匙锁或密码锁。

3.9.4 照明

（1）一般照明参照第 7.8.4 条。

（2）在装饰品或装饰画处设计重点照明。

（3）在桌面处加强照明。

3.9.5 机电点位设计选项

（1）入口处墙面设置智能控制面板。

（2）电视机处墙面预设内嵌式强弱电插座组。

（3）办公桌处地面预设内嵌式定制强弱电插座组。

（4）沙发组区地面设置内嵌式定制插座组。

（5）小型会议桌处地面设置内嵌式定制插座组。

（6）预留打印、传真、电话等办公设备的强弱电插座。

（7）根据立面设计其他墙面至少设置 2 个电源插座。

3.9.6 固定家具

整体定制书橱。

3.9.7 软装设计选项

（1）活动家具。

  ①办公桌。

  ②办公椅。

  ③沙发组。

  ④可供四人使用的会议桌。

（2）活动块毯。

如地面设计不是满铺地毯，则在活动家具区设置活动块毯。

（3）装饰灯具。

  ①装饰吊灯。

  ②装饰壁灯。

（4）窗帘。

  ①装饰布帘。

  ②电动半遮光帘。

  ③防蚊纱帘。

（5）装饰品及装饰画。

3.9.8 设备设施选项

（1）背景音乐喇叭。

（2）电视机。

（3）所有必需的办公设备。

3.10　健身房

3.10.1 基本要求

（1）健身房是主人运动的区域，可分为有氧运动区、力量训练区和拉伸运动区。

（2）应设计明亮柔和的灯光效果。

（3）力量训练区至少有一面墙配备安全防碎镜面。

（4）应配备迷你吧台。

3.10.2 饰面设计选项

（1）天花。

  ①石膏板乳胶漆。

②顶面线条。

  a. 石膏线条。

  b. 木质线条。

（2）墙面。

①乳胶漆。

②壁纸、壁布。

③硬包、软包。

④木饰面。

⑤镜面。

⑥墙面线条。

  a. 石膏线条。

  b. 木质线条。

（3）地面。

①运动地板。

②踢脚线。

  a. 石膏踢脚线。

  b. 木质踢脚线。

3.10.3 门及锁具

（1）双扇实木平开门或木框玻璃平开门。

（2）高度不低于 2100 mm。

（3）采用通道锁。

3.10.4 照明

（1）一般照明参照第 7.8.4 条。

（2）迷你吧台处加强照明。

3.10.5 机电点位设计选项

（1）入口处墙面设置智能控制面板。

（2）在需用电的运动设备处预留内嵌式定制强弱电插座组。

（3）在迷你吧台内预留小冰箱及直饮水净水器等设备的电源插座。

（4）迷你吧台处墙面预设 2 个电源插座和 1 个电话网络插座。

（5）电视机处墙面预设内嵌式强弱电插座组。

（6）其他墙面平均布置至少 2 个电源插座。

（7）墙面设置紧急按钮。

（8）为水槽预留给排水点位。

3.10.6 固定家具

迷你吧台。

3.10.7 软装设计选项

（1）活动家具。

　　①休息椅。

　　②茶几。

（2）窗帘。

　　①电动半遮光帘。

　　②防蚊纱帘。

3.10.8 设备设施选项

（1）背景音乐喇叭。

（2）电视机。

（3）小冰箱。

（4）直饮水净水器。

（5）水槽及龙头。

3.11　SPA 区

3.11.1 基本要求

（1）SPA 区应由专业顾问厂商根据要求配置专用设备。

（2）必须在邻接区域设置水处理机房。

3.11.2 饰面设计选项

（1）天花。

　　①防潮石膏板乳胶漆。

　　②顶面线条:石膏线条。

（2）墙面。

　　①乳胶漆。

　　②艺术漆。

　　③石材。

　　④马赛克。

　　⑤瓷砖。

　　⑥木饰面。

（3）地面。

　　①石材。

　　②马赛克。

　　③地砖。

3.11.3 门及锁具

（1）双扇玻璃实木框平开门、通道锁。

（2）也可设计为空门洞。

3.11.4 照明

（1）一般照明参照第 7.8.4 条。

（2）在装饰品或装饰画处设计重点照明。

3.11.5 机电点位设计选项

（1）入口处墙面设置智能控制面板。

（2）为加热毛巾杆预设电源插座。

（3）如有水疗床则应在墙面预设防溅型电源插座。

（4）墙面设置紧急按钮，不得高于 900 mm。

（5）为 SPA 设备预留给排水点位。

3.11.6 软装设计选项

（1）活动家具。

　　①躺椅。

　　②茶几。

　　③装饰边柜。

（2）装饰灯具。

　　①装饰吊灯。

　　②装饰壁灯。

（3）窗帘。

　　①装饰布帘。

　　②电动半遮光帘。

　　③风琴帘。

　　④防蚊纱帘。

（4）装饰品及装饰画。

3.11.7 设备设施选项

（1）背景音乐喇叭。

（2）SPA 专用设备。

3.12　室内游泳池/戏水池

3.12.1 基本要求

（1）室内游泳池/戏水池可依据空间面积及业主喜好来设计尺寸和形状，但一般水面面积不小于 140 m²。

（2）泳池深度可控制在 900～1200 mm。

（3）戏水池必须位于泳池附近，一般水面面积不小于 4.65 m²。

（4）邻接区域应配备更衣室和卫生间。

(5) 应为泳池单独设置机房,并由专业顾问厂商配置泳池水处理设备。

3.12.2 饰面设计选项

(1) 天花:防潮石膏板环氧树脂漆。

(2) 墙面。

  ①环氧树脂漆。

  ②石材。

  ③马赛克。

(3) 地面。

  ①石材。

  ②石材踢脚线。

  ③装饰性防滑地面池岸。

(4) 泳池面。

  ①马赛克。

  ②瓷砖。

  ③泳池石膏。

3.12.3 门及锁具

(1) 双扇玻璃实木框平开门。

(2) 高度不低于 2100 mm。

(3) 采用通道锁。

3.12.4 照明

一般照明详见第 7.8.4 条。

3.12.5 机电点位设计选项

(1) 入口处内或入口处外设置智能控制面板。

(2) 墙面设置紧急按钮,不得高于 900 mm。

3.12.6 软装设计选项

(1) 活动家具。

  ①躺椅。

  ②茶几。

  ③餐椅。

(2) 装饰灯具:装饰壁灯。

(3) 窗帘:电动半遮光帘。

3.12.7 设备设施选项

(1) 背景音乐喇叭。

(2) 泳池水处理设备。

■ 3.13　桑拿房

3.13.1 基本要求

（1）桑拿房应根据需求由专业顾问厂商根据标准配置整套单元系统。

（2）桑拿房内最高温度必须可以达到 79.4 ℃，相对湿度可控制在 15%～20%。

（3）控制器不能安装在人能触及的位置。

3.13.2 饰面设计选项

由专业顾问厂商配置整体松木饰面。

3.13.3 门及锁具

（1）单扇安全玻璃门板及窄边门楗，必须可以外开并有自动闭门装置。

（2）无锁。

3.13.4 照明

（1）一般照明参照第 7.8.4 条。

（2）灯具必须为防水灯并采用防碎安全灯罩。

3.13.5 机电点位设计选项

（1）智能控制面板设置在入口外墙处。

（2）为专业顾问厂商配置的设备预留电源及给排水点位。

（3）地面设置地漏。

（4）墙面设置紧急按钮，不得高于 900 mm。

（5）可手动操作加热控制定时器。

3.13.6 固定家具

空间整体定制。

3.13.7 设备设施选项

桑拿专用设备。

■ 3.14　蒸汽房

3.14.1 基本要求

（1）蒸汽房应根据需求由专业顾问厂商根据标准配置整套单元系统。

（2）最高温度必须可以达到 48.9 ℃，相对湿度可控制在 80%～100%。

（3）控制器不能安装在人能触及的位置。

（4）顶面应设计坡度，以防止冷凝水滴落。

3.14.2 饰面设计选项

（1）天花。

　　①马赛克。

②瓷砖。

（2）墙面。

　　①马赛克。

　　②瓷砖。

（3）地面。

　　①马赛克。

　　②瓷砖。

3.14.3 门及锁具

（1）单扇安全玻璃门板及窄边门框,必须可以外开并有自动闭门装置。

（2）无锁。

3.14.4 照明

（1）一般照明参照第 7.8.4 条。

（2）灯具必须为防水灯并采用防碎安全灯罩。

3.14.5 机电点位设计选项

（1）智能控制面板设置在入口外墙处。

（2）为专业顾问厂商配置的设备预留电源及给排水点位。

（3）地面设置地漏。

（4）墙面设置紧急按钮,不得高于 900 mm。

（5）可手动操作加热控制定时器。

3.14.6 设备设施选项

蒸汽房专用设备。

■3.15　按摩房

3.15.1 基本要求

（1）按摩房应营造一个舒心的氛围,灯光应柔和。

（2）应配备独立更衣区和卫生间。

3.15.2 饰面设计选项

（1）天花。

　　①石膏板乳胶漆。

　　②顶面线条。

　　　a.石膏线条。

　　　b.木质线条。

（2）墙面。

　　①乳胶漆。

　　②艺术漆。

③壁纸、壁布。

④木饰面。

⑤墙面线条。

　　a. 石膏线条。

　　b. 木质线条。

（3）地面。

①榫接木地板。

②踢脚线。

　　a. 石膏踢脚线。

　　b. 木质踢脚线。

3.15.3 门及锁具

（1）单扇实木平开门。

（2）高度不低于 2100 mm。

（3）采用浴室锁。

3.15.4 照明

一般照明参照第 7.8.4 条。

3.15.5 机电点位设计选项

（1）入口处墙面设置智能控制面板。

（2）根据立面效果至少布置 2 个电源插座和 1 个电话网络插座。

3.15.6 固定家具

整体衣柜。

3.15.7 软装设计选项

（1）活动家具。

①按摩床。

②服务凳。

（2）装饰灯具：装饰壁灯。

（3）窗帘。

①装饰布帘。

②电动全遮光帘。

③电动半遮光帘。

④防蚊纱帘。

（4）装饰品及装饰画。

3.15.8 设备设施选项

背景音乐喇叭。

■3.16　更衣室

3.16.1 基本要求

（1）更衣室应男女独立设置。

（2）每间至少应配备 6 个更衣柜。

（3）配置梳妆台。

3.16.2 饰面设计选项

（1）天花。

　　①防潮石膏板乳胶漆。

　　②顶面线条。

　　　a. 石膏线条。

　　　b. 木质线条。

（2）墙面。

　　①乳胶漆。

　　②壁纸、壁布。

　　③木饰面。

（3）地面。

　　①石材。

　　②地砖。

　　③踢脚线。

　　　a. 木质踢脚线。

　　　b. 石材踢脚线。

3.16.3 门及锁具

（1）单扇实木平开门。

（2）高度不低于 2100 mm。

（3）采用浴室锁。

3.16.4 照明

（1）一般照明参照第 7.8.4 条。

（2）在梳妆台处加强照明。

3.16.5 机电点位设计选项

（1）入口处墙面设置智能控制面板。

（2）梳妆台处墙面按 1 人位设置 1 个电源插座。

（3）其他墙面至少设置 1 个电源插座。

3.16.6 固定家具

（1）整体更衣柜。

（2）梳妆台。

3.16.7　软装设计选项

（1）活动家具：梳妆凳。

（2）装饰灯具：装饰壁灯。

（3）窗帘。

　　①装饰布帘。

　　②电动半遮光帘。

　　③防蚊纱帘。

3.16.8　设备设施选项

背景音乐喇叭。

■3.17　美容美发室

3.17.1　基本要求

（1）美容美发室应有足够均匀的灯光照度。

（2）美发区与洗发区应分两个区域。

（3）如空间允许可设置美甲区。

3.17.2　饰面设计选项

（1）天花。

　　①石膏板乳胶漆。

　　②顶面线条：石膏线条。

（2）墙面。

　　①乳胶漆。

　　②艺术漆。

　　③壁纸、壁布。

　　④木饰面。

（3）地面。

　　①石材。

　　②地砖。

　　③踢脚线。

　　　a. 石材踢脚线。

　　　b. 木质踢脚线。

3.17.3　门及锁具

（1）单扇实木平开门。

（2）高度不低于 2100 mm。

（3）采用通道锁。

3.17.4 照明

(1) 一般照明详见第 7.8.4 条。

(2) 在美发单元、洗发单元、美甲单元处设计重点照明。

3.17.5 机电点位设计选项

(1) 入口处墙面设置智能控制面板。

(2) 每个单元设置 2 个电源插座。

(3) 洗发椅处应预留电源地插及给排水点位。

(4) 休闲区设置 2 个电源插座和 1 个电话网络插座。

3.17.6 固定家具

(1) 造型台。

(2) 储物柜。

3.17.7 软装设计选项

(1) 活动家具。

　　①美发椅。

　　②美甲桌椅。

　　③休闲椅及茶几。

(2) 装饰灯具。

　　①装饰吊灯。

　　②装饰壁灯。

(3) 窗帘。

　　①电动半遮光帘。

　　②防蚊纱帘。

(4) 装饰品及装饰画。

3.17.8 设备设施选项

(1) 背景音乐喇叭。

(2) 电动洗发椅。

3.18　儿童娱乐室

3.18.1 基本要求

(1) 儿童娱乐室是儿童的活动区,应设计一个非常安全的场所。

(2) 所有外窗都应安装儿童保护装置。

(3) 所有家具直角处都应安装柔软护角,保护儿童不受伤害。

3.18.2 饰面设计选项

(1) 天花。

　　①石膏板乳胶漆。

②顶面线条。

    a. 石膏线条。

    b. 木质线条。

（2）墙面。

    ①乳胶漆。

    ②壁纸、壁布。

    ③硬包、软包。

    ④木饰面。

    ⑤墙面线条。

      a. 石膏线条。

      b. 木质线条。

（3）地面。

    ①榫接木地板。

    ②软木地板。

    ③地毯。

    ④踢脚线。

      a. 石膏踢脚线。

      b. 木质踢脚线。

3.18.3 门及锁具

（1）单扇实木平开门。

（2）高度不低于 2100 mm。

（3）采用通道锁。

3.18.4 照明

（1）一般照明详见第 7.8.4 条。

（2）在装饰品或装饰画处设计重点照明。

3.18.5 机电点位设计选项

（1）入口处墙面设置智能控制面板。

（2）根据立面设计和功能分区，墙面至少预留 2 个电源插座和 1 个电话网络插座。

3.18.6 固定家具

整体储物柜。

3.18.7 软装设计选项目

（1）活动家具：儿童桌椅。

（2）装饰灯具。

    ①装饰吊灯。

    ②装饰壁灯。

（3）窗帘。

　　①装饰布帘。

　　②电动半遮光帘。

　　③防蚊纱帘。

（4）装饰品及装饰画。

3.18.8 设备设施选项

背景音乐喇叭。

■3.19　模拟高尔夫室

3.19.1 基本要求

（1）模拟高尔夫室可分为击打区、设备区和休息区。

（2）在空间规划前应选定设备的种类。

（3）由专业顾问厂商整合击打区和设备区并提出机电需求。

（4）由专业顾问厂商负责设备安装及调试工作。

3.19.2 饰面设计选项

（1）休息区天花。

　　①石膏板乳胶漆。

　　②金属格栅吊顶。

（2）休息区墙面。

　　①乳胶漆。

　　②壁纸、壁布。

　　③硬包、软包。

　　④木饰面。

（3）休息区地面。

　　①榫接木地板。

　　②地毯。

　　③踢脚线。

　　　a.石膏踢脚线。

　　　b.木质踢脚线。

3.19.3 门及锁具

（1）单扇实木平开门。

（2）高度不低于 2100 mm。

（3）采用通道锁。

3.19.4 照明

休息区一般照明详见第 7.8.4 条。

3.19.5 机电点位设计选项

（1）入口处墙面设置智能控制面板。

（2）休息区设置2个电源插座和1个电话网络插座。

（3）预留模拟高尔夫设备所需的所有机电点位。

3.19.6 软装设计选项

（1）活动家具。

　　①休闲椅。

　　②茶几。

（2）窗帘。

　　①一般规划为无窗房间。

　　②如有窗则设置电动全遮光帘。

3.19.7 设备设施选项

（1）背景音乐喇叭。

（2）整套模拟高尔夫设备。

■ 3.20 保龄球室

3.20.1 基本要求

（1）保龄球室可分为打球区、球道区、机械设备区、休息区。

（2）应在邻接区域配备更衣换鞋室。

（3）应单独设置一间储藏室。

（4）顶面造型和灯光应配合设计，无眩光。

（5）由专业顾问厂商整合空间并提出机电需求。

（6）由专业顾问厂商负责设备安装及调试工作。

（7）在天花、墙面、地面应做良好的吸声隔声处理。

3.20.2 饰面设计选项

（1）天花：石膏板乳胶漆。

（2）墙面。

　　①乳胶漆。

　　②壁纸、壁布。

　　③硬包、软包。

　　④木饰面。

　　⑤其他吸声材料。

（3）地面。

　　①榫接木地板（休息区）。

　　②踢脚线：木质踢脚线。

3.20.3 门及锁具

（1）双扇实木平开门。

（2）高度不低于 2100 mm。

（3）采用通道锁。

3.20.4 照明

（1）一般照明详见第 7.8.4 条。

（2）在装饰品或装饰画处设计重点照明。

3.20.5 机电点位设计选项

（1）入口处墙面设置智能控制面板。

（2）休息区设置 2 个电源插座和 1 个电话网络插座。

（3）预留保龄球设备所需的所有机电点位。

3.20.6 软装设计选项

（1）活动家具。

　　①休闲椅。

　　②茶几。

（2）装饰品及装饰画。

3.20.7 设备设施选项

（1）背景音乐喇叭。

（2）整套保龄球设备。

3.21　酒窖

3.21.1 基本要求

（1）应配备酒窖恒温恒湿空调系统,且可独立控制。

（2）地面不可铺设地暖系统。

（3）顶面和墙面都应做防潮保温处理。

（4）酒窖门框应安装密封条。

（5）门应安装自动下落式地封条并达到保温要求。

3.21.2 饰面设计选项

（1）天花:艺术漆。

（2）墙面。

　　①艺术漆。

　　②石材。

（3）地面。

　　①榫接木地板(休息区)。

　　②踢脚线:木质踢脚线。

3.21.3 门及锁具

（1）单扇木框中空玻璃铁艺平开门。

（2）高度不低于 2100 mm。

（3）采用钥匙锁。

3.21.4 照明

一般照明详见第 7.8.4 条。

3.21.5 机电点位设计选项

（1）入口外墙处设置控制面板。

（2）入口外墙处设置温控面板和高温报警系统面板。

3.21.6 固定家具

整体酒柜。

3.21.7 设备设施选项

独立恒温恒湿空调系统。

3.22　酒吧

3.22.1 基本要求

（1）酒吧分为吧台区和相关座位区。

（2）可与其他休闲空间混合布局。

3.22.2 饰面设计选项

（1）天花。

　　①石膏板乳胶漆。

　　②顶面线条。

　　　a.石膏线条。

　　　b.木质线条。

（2）墙面。

　　①乳胶漆。

　　②艺术漆。

　　③壁纸、壁布。

　　④木饰面。

　　⑤墙面线条：木质线条。

（3）地面。

　　①榫接木地板。

　　②踢脚线：木质踢脚线。

3.22.3 门及锁具

（1）单扇实木平开门。

（2）高度不低于 2100 mm。

（3）采用钥匙锁。

3.22.4 照明

（1）一般照明详见第 7.8.4 条。

（2）在装饰品或装饰画处设计重点照明。

（3）在吧台处加强照明。

3.22.5 机电点位设计选项

（1）入口处墙面设置智能控制面板。

（2）吧台侧板处预设 2 个电源插座和 1 个电话网络插座。

（3）预设台盆及龙头、小冰箱、直饮水净水器、制冰机的电源插座及给排水点位。

（4）为其他吧台家用电器预留电源插座。

（5）其他墙面预留 2 个电源插座。

3.22.6 固定家具

（1）整体吧台。

（2）整体酒柜。

3.22.7 软装设计选项

（1）活动家具。

　　①餐桌。

　　②餐椅。

　　③沙发组。

　　④吧椅。

（2）装饰灯具。

　　①装饰吊灯。

　　②装饰壁灯。

（3）窗帘。

　　①装饰布帘。

　　②电动半遮光帘。

　　③防蚊纱帘。

（4）装饰品及装饰画。

3.22.8 设备设施选项

（1）背景音乐喇叭。

（2）水槽及龙头。

（3）小冰箱。

（4）直饮水净水器。

（5）制冰机。

（6）其他吧台家用电器设备。

■3.23 雪茄吧

3.23.1 基本要求

（1）雪茄吧是一个放松和释放压力的地方，应设计柔和的光照效果。

（2）应配备雪茄柜来保存雪茄。

3.23.2 饰面设计选项

（1）天花。

　　①艺术漆。

　　②木质吊顶。

　　③顶面线条：木质线条。

（2）墙面。

　　①艺术漆。

　　②壁纸、壁布。

　　③木饰面。

　　④墙面线条：木质线条。

（3）地面。

　　①榫接木地板。

　　②踢脚线：木质踢脚线。

3.23.3 门及锁具

（1）单扇实木平开门。

（2）高度不低于 2100 mm。

（3）采用钥匙锁。

3.23.4 照明

（1）一般照明详见第 7.8.4 条。

（2）在装饰品或装饰画处设计重点照明。

3.23.5 机电点位设计选项

（1）入口处墙面设置智能控制面板。

（2）预设雪茄柜的电源插座。

（3）其他墙面至少设置 2 个电源插座和 1 个电话网络插座。

3.23.6 固定家具

整体雪茄展示柜。

3.23.7 软装设计选项

（1）活动家具。

　　①沙发组。

　　②休闲椅。

③茶几。

（2）装饰灯具。

　　①装饰吊灯。

　　②装饰壁灯。

（3）窗帘。

　　①装饰布帘。

　　②电动半遮光帘。

　　③防蚊纱帘。

（4）装饰品及装饰画。

3.23.8 设备设施选项

（1）背景音乐喇叭。

（2）雪茄柜。

■ 3.24 影音室

3.24.1 基本要求

（1）影音室可看做一个个性化的小型家庭影院。

（2）应由专业顾问厂商根据要求来配备投影幕布系统、电动座椅系统、音响喇叭系统、投影设备及后台控制系统等。

（3）由专业顾问厂商负责安装及调试。

（4）影音室的天花、墙面、地面及门扇都应进行吸声及隔声处理以满足声学要求。

3.24.2 饰面设计选项

（1）天花。

　　①石膏板乳胶漆。

　　②吸声板硬包。

　　③其他吸声材料。

（2）墙面。

　　①乳胶漆。

　　②吸声板硬包。

　　③墙面线条：木质线条。

（3）地面。

　　①地毯。

　　②踢脚线：木质踢脚线。

3.24.3 门及锁具

（1）双扇影院隔声门。

（2）高度不低于2100 mm。

（3）配置回位器。

3.24.4 照明

（1）一般照明详见第 7.8.4 条。

（2）踏步处设置踏步灯。

3.24.5 机电点位设计选项

（1）入口外墙处设置智能控制面板。

（2）预设所有影音系统设备的机电点位。

（3）为手持触摸屏设置强弱电点位。

（4）根据立面效果至少设置 4 个电源插座备用。

3.24.6 软装设计选项

（1）活动家具:茶几。

（2）装饰灯具:装饰壁灯。

3.24.7 设备设施选项

（1）影音室视听设备。

（2）电动座椅。

■ 3.25　卡拉 OK 室

3.25.1 基本要求

（1）卡拉 OK 室应由专业顾问厂商根据要求来配备音响喇叭系统、特效灯光系统、点歌系统
　　及后台控制系统等。

（2）由专业顾问厂商负责安装及调试。

（3）空间的天花、墙面、地面及门扇都应进行隔声处理。

（4）应配备吧台。

3.25.2 饰面设计选项

（1）天花。

　　　①石膏板乳胶漆。

　　　②艺术漆。

　　　③顶面线条。

　　　　a.石膏线条。

　　　　b.木质线条。

（2）墙面。

　　　①乳胶漆。

　　　②艺术漆。

　　　③壁纸、壁布。

　　　④硬包、软包。

⑤木饰面。

⑥墙面线条。

    a. 石膏线条。

    b. 木质线条。

（3）地面。

  ①榫接木地板。

  ②地毯。

  ③踢脚线。

    a. 石膏踢脚线。

    b. 木质踢脚线。

3.25.3 门及锁具

（1）单扇实木平开门。

（2）高度不低于 2100 mm。

（3）采用通道锁。

3.25.4 照明

（1）一般照明详见第 7.8.4 条。

（2）在装饰品、装饰画处设计重点照明。

（3）吧台处加强照明。

（4）特效灯光照明。

3.25.5 机电点位设计选项

（1）入口处墙面设置智能控制面板。

（2）电视机处墙面预设内嵌式强弱电插座组。

（3）预设所有卡拉 OK 专用设备的机电点位。

（4）吧台侧板处设置智能控制液晶屏插口、4 个电源插座、1 个电话网络插座。

（5）酒柜处设置至少 2 个电源插座。

（6）预设水槽及龙头、小冰箱、直饮水净水器的电源插座及给排水点位。

（7）其他墙面至少设置 2 个电源插座。

3.25.6 固定家具

吧台及酒柜。

3.25.7 软装设计选项

（1）活动家具。

  ①沙发组。

  ②休闲椅。

  ③茶几。

  ④吧椅。

（2）装饰灯具：装饰壁灯。

（3）装饰品及装饰画。

3.25.8 设备设施选项

（1）背景音乐喇叭。

（2）卡拉 OK 视听设备。

（3）特效灯光设备。

（4）小冰箱。

（5）直饮水净水器。

（6）其他吧台家用电器设备。

■ 3.26　画室

3.26.1 基本要求

（1）画室可分为绘画区、作品展示区、休息区。

（2）整体应设计明亮的照明。

（3）应配备水槽，方便清洗绘画工具。

3.26.2 饰面设计选项

（1）天花。

　　①石膏板乳胶漆。

　　②顶面线条：石膏线条。

（2）墙面。

　　①乳胶漆。

　　②木饰面。

（3）地面。

　　①榫接木地板。

　　②地砖。

　　③踢脚线：木质踢脚线。

3.26.3 门及锁具

（1）单扇实木平开门。

（2）高度不低于 2100 mm。

（3）采用通道锁。

3.26.4 照明

（1）一般照明详见第 7.8.4 条。

（2）在展示区设计重点照明。

3.26.5 机电点位设计选项

（1）入口处墙面设置智能控制面板。

（2）绘画区墙面设置 2 个电源插座。

（3）休息区墙面设置 2 个电源插座、1 个电话网络插座。

（4）其他墙面至少预留 2 个电源插座。

3.26.6 固定家具

绘画物品及绘画工具储存柜。

3.26.7 软装设计选项

（1）活动家具。

 ①休闲椅。

 ②茶几。

 ③画架。

 ④画凳。

（2）窗帘。

 ①全遮光布帘。

 ②电动半遮光帘。

 ③防蚊纱帘。

3.26.8 设备设施选项

（1）背景音乐喇叭。

（2）绘画专用灯具。

（3）水槽及龙头。

■ 3.27　公共卫生间

3.27.1 基本要求

（1）公共卫生间应配置台盆及龙头、坐便器。

（2）配备厕纸架、香皂架/盒、毛巾架/盒及镜面。

（3）应安装一个独立的排气扇。

3.27.2 饰面设计选项

（1）天花。

 ①防潮石膏板乳胶漆。

 ②防潮石膏板艺术漆。

 ③顶面线条。

  a.石膏线条。

  b.木质线条。

（2）墙面。

 ①艺术漆。

 ②壁纸、壁布。

 ③石材。

④瓷砖。

⑤木饰面。

⑥墙面线条。

    a. 石膏线条。

    b. 木质线条。

    c. 石材线条。

（3）地面。

①石材。

②地砖。

③踢脚线。

    a. 石材踢脚线。

    b. 石膏踢脚线。

    c. 木质踢脚线。

3.27.3 门及锁具

（1）单扇实木平开门。

（2）高度不低于 2100 mm。

（3）采用浴室锁。

3.27.4 照明

（1）一般照明详见第 7.8.4 条。

（2）在装饰品或装饰画处设计重点照明。

（3）在台盆处加强照明。

3.27.5 机电点位设计选项

（1）入口处墙面设置智能控制面板。

（2）预设台盆和坐便器的给排水点位。

（3）如安装有洁身器的坐便器则应预设电源插座，但不可与进水阀安装在同一侧。

（4）台盆处墙面设置 1 个电源插座。

（5）根据立面设计效果墙面预留 1 个电源插座。

（6）墙面设置紧急按钮，不得高于 900 mm。

3.27.6 软装设计选项

（1）装饰灯具。

①装饰顶灯。

②装饰壁灯。

（2）窗帘。

①风琴帘。

②电动半遮光帘。

③防蚊纱帘。

（3）装饰画。

3.27.7 设备设施选项

（1）背景音乐喇叭。

（2）台盆及龙头。

（3）坐便器。

（4）其他卫浴附件。

■ 3.28 贵重物品收藏展示室

3.28.1 基本要求

（1）贵重物品收藏展示室应配置独立的恒温恒湿空调及空调过滤系统，确保环境稳定洁净。

（2）空间的天花、墙面、地面及门扇都应做保温处理。

（3）地面不可铺设地暖系统。

3.28.2 饰面设计选项

（1）天花。

　　①石膏板乳胶漆。

　　②顶面线条：石膏线条。

（2）墙面。

　　①乳胶漆。

　　②木饰面。

（3）地面。

　　①架空地板。

　　②踢脚线：木质踢脚线。

3.28.3 门及锁具

（1）双扇实木平开门。

（2）高度不低于 2400 mm。

（3）采用密码锁。

3.28.4 照明

一般照明详见第 7.8.4 条。

3.28.5 机电点位设计选项

（1）入口处墙面设置开关面板。

（2）墙面至少预留 2 个电源插座。

3.28.6 固定家具

（1）艺术品收藏柜。

（2）艺术品展示柜。

3.28.7 设备设施选项

独立的恒温恒湿空调系统。

■3.29 安全房

由专业安防顾问公司进行设计、深化、施工及调试。

4 人员交通

■ 4.1 客用电梯轿厢

4.1.1 基本要求

（1）所有的水平和垂直运输系统必须由专业电梯顾问进行设计。

（2）电梯的控制面板顶部离地高度不应大于 1500 mm。

（3）每个电梯轿厢应安装一个操控面板。操控面板设计必须清晰标识出主要楼层功能。

（4）轿厢位置指示器必须安装在操控面板上方，离地高度 2000 mm，并且清晰可见。

（5）客用电梯应采用中分门。

4.1.2 饰面设计选项

（1）轿厢天花。

    ①石膏板乳胶漆。

    ②顶面线条。

        a. 石膏线条。

        b. 木质线条。

（2）轿厢壁。

    ①乳胶漆。

    ②艺术漆。

    ③木饰面。

    ④壁纸、壁布。

    ⑤硬包、软包。

    ⑥镜面。

    ⑦线条：木质线条。

（3）轿厢地面。

    ①石材。

    ②踢脚线。

        a. 石材踢脚线。

        b. 木质踢脚线。

4.1.3 照明

一般照明参照第 7.8.4 条。

■4.2 客用电梯厅及走道

4.2.1 基本要求

（1）如果电梯为单侧布置，则电梯厅宽度至少应达到 1800 mm。

（2）每个电梯厅应安装到站显示，在轿厢到达时做出提示。

（3）电梯厅门指示灯安装中心线离地高度不低于 1800 mm。

4.2.2 饰面设计选项

（1）天花。

  ①石膏板乳胶漆。

  ②顶面线条。

   a. 石膏线条。

   b. 木质线条。

（2）墙面。

  ①乳胶漆。

  ②艺术漆。

  ③壁纸、壁布。

  ④石材。

  ⑤木饰面。

  ⑥墙面线条。

   a. 石材线条。

   b. 石膏线条。

   c. 木质线条。

（3）地面。

  ①石材。

  ②榫接木地板。

  ③踢脚线。

   a. 石材踢脚线。

   b. 石膏踢脚线。

   c. 木质踢脚线。

4.2.3 照明

一般照明参照第 7.8.4 条。

■4.3 服务电梯轿厢

4.3.1 基本要求

(1) 如有需要私邸精装项目可设置一部载重量 2000 kg 的服务电梯,轿厢最低净高为 2800 mm。轿厢门最低高度为 2300 mm。轿厢理想比例是深度大于宽度。

(2) 服务电梯最低梯速:150 FPM(0.76 m/s)。

(3) 采用侧开门的服务电梯的最小门宽为 1300 mm。

(4) 采用中分双扇门的服务电梯的最小门宽为 1100 mm。

(5) 服务电梯的控制按钮应进行防破坏设计。

(6) 应设置保护性荧光灯照明。

4.3.2 饰面设计选项

(1) 轿厢天花:喷涂烤漆。

(2) 轿厢壁。

①发纹不锈钢。

②在离地 350 mm 和 800 mm 高度处安装防撞栏。

(3) 轿厢地面。

①石材。

②瓷砖。

③乙烯基复合地板。

④踢脚线。

a. 乙烯基踢脚线。

b. 木质踢脚线。

c. 石材踢脚线。

■4.4 服务电梯厅及走道

4.4.1 基本要求

(1) 如果电梯为单侧布置,则电梯厅宽度至少应达到 3000 mm。

(2) 每个电梯厅应安装到站显示,在轿厢到达时做出提示。

(3) 电梯厅门指示灯安装中心线离地高度不低于 1800 mm。

4.4.2 饰面设计选项

(1) 天花。

①石膏板乳胶漆。

②墙面线条。

a. 石膏线条。

  b. 木质线条。

（2）墙面。

  ①瓷砖。

  ②壁纸、壁布。

  ③木饰面。

（3）地面。

  ①地砖。

  ②乙烯基复合地板。

  ③踢脚线。

   a. 乙烯基踢脚线。

   b. 瓷砖踢脚线。

   c. 木质踢脚线。

■4.5　逃生楼梯及楼梯厅

4.5.1 基本要求

（1）楼梯井必须设置从公共区域外出的紧急出口。

（2）楼梯、楼梯栏杆、扶手和护栏的设计都必须符合所有适用规范。

4.5.2 饰面设计选项

（1）天花：石膏板乳胶漆。

（2）墙面。

  ①乳胶漆。

  ②瓷砖。

（3）地面。

  ①采用带有金属防滑条的磨石地面。

  ②防滑砖地面。

（4）踢脚线。

  ①磨石踢脚线。

  ②瓷砖踢脚线。

■4.6　自动扶梯

4.6.1 自动扶梯的宽度必须至少为 1200 mm。

4.6.2 自动扶梯的最大倾角为 30°。

4.6.3 自动扶梯的最高速度为 0.5 m/s。

4.6.4 自动扶梯最大运输能力为 4500 人/h。

4.6.5 对于扶立式自动扶梯应采用玻璃栏杆。

4.6.6 应配备紧急停止按钮。此按钮动作时应在24小时值班站上发出警报。

4.6.7 梯级踏板的侧面应安装安全刷防夹装置。

4.6.8 水平梯级采用两梯级，当提升高度大于6000 mm时应至少采用三梯级。

4.6.9 最小梯级宽度为1000 mm。

4.6.10 需要配置附加制动器。

4.6.11 驱动装置必须装于上部踏板平台下方空间内。齿轮类型应采用斜齿轮。

4.6.12 梯级链销轴比压不应大于23 N/mm²。梯级滚轮最小直径为75 mm，并应采用橡胶或聚氨酯滚轮。

4.6.13 自动扶梯配电必须从上部踏板平台下方空间引入。

4.6.14 操作按钮必须安装在扶手栏的内侧盖板靠近扶手带的入口位置。必须包括一个紧急停止按钮和一个启动钥匙开关。

4.6.15 在上下踏板平台扶手栏的端部必须安装启动钥匙开关。

4.6.16 自动扶梯应采用变频变压（VVVF）驱动。

4.6.17 必须配备自动扶梯踏板照明和梳齿板照明。

4.6.18 如果当地法规有规定，自动扶梯桁架应设置喷淋设备。

5 私享空间

5.1 主人起居室

5.1.1 基本要求

（1）主人起居室是主人的休闲区，应设计电视、聊天、早餐、书写等功能空间。

（2）整体环境应设计得舒适温馨。

（3）应设计迷你吧台，配置水槽及龙头、小冰箱、直饮水净水器。

（4）通常邻接主人卧室。

5.1.2 饰面设计选项

（1）天花。

　　①石膏板乳胶漆。

　　②顶面线条。

　　　　a. 石膏线条。

　　　　b. 木质线条。

（2）墙面。

　　①乳胶漆。

　　②壁纸、壁布。

　　③硬包、软包。

　　④木饰面。

　　⑤墙面线条。

　　　　a. 石膏线条。

　　　　b. 木质线条。

（3）地面。

　　①榫接木地板。

　　②踢脚线。

　　　　a. 石膏踢脚线。

　　　　b. 木质踢脚线。

5.1.3 门及锁具

（1）双扇实木平开门。

（2）高度不低于 2100 mm。

（3）采用密码锁。

5.1.4 照明

（1）一般照明详见第 7.8.4 条。

（2）在装饰品或装饰画处设计重点照明。

（3）吧台处加强照明。

（4）书桌处加强照明。

5.1.5 机电点位设计选项

（1）入口处墙面设置智能控制面板。

（2）电视柜或电视机处墙面预设内嵌式强弱电插座组。

（3）书桌处预设内嵌式强弱电插座组。

（4）迷你吧台预设水槽及龙头的给排水点位及小冰箱、直饮水净水器的电源插座。

（5）沙发组区设置 1 个电源插座、1 个带 USB 插口的电源插座和 1 个电话网络插座。

（6）餐桌处设置 2 个电源插座。

（7）其他墙面预留 2 个电源插座备用。

5.1.6 固定家具

（1）电视柜。

（2）吧台。

5.1.7 软装设计选项

（1）活动家具。

　　①沙发组。

　　②餐桌及餐椅。

　　③书桌及休闲椅。

（2）活动块毯：沙发组区铺设活动块毯。

（3）装饰灯具。

　　①装饰吊灯。

　　②装饰壁灯。

（4）窗帘。

　　①装饰布帘。

　　②电动半遮光帘。

　　③防蚊纱帘。

（5）装饰品及装饰画。

5.1.8 设备设施选项

（1）背景音乐喇叭。

（2）电视机。

（3）水槽及龙头。

（4）小冰箱。

（5）直饮水净水器。

5.2 主人卧室

5.2.1 基本要求

（1）主人卧室是一个温馨的私密空间,整体用料宜偏暖色调。

（2）灯光效果应设计得柔和温馨。

（3）配置夜灯照明。

（4）配置特大尺寸的床。

5.2.2 饰面设计选项

（1）天花。

　　①石膏板乳胶漆。

　　②顶面线条。

　　　a.石膏线条。

　　　b.木质线条。

（2）墙面。

　　①乳胶漆。

　　②壁纸、壁布。

　　③硬包、软包。

　　④木饰面。

　　⑤墙面线条。

　　　a.石膏线条。

　　　b.木质线条。

（3）地面。

　　①榫接木地板。

　　②踢脚线。

　　　a.石膏踢脚线。

　　　b.木质踢脚线。

5.2.3 门及锁具

（1）单扇实木平开门。

（2）高度不低于 2100 mm。

（3）采用密码锁。

5.2.4 照明

（1）一般照明详见第 7.8.4 条。

（2）在装饰品或装饰画处设计重点照明。

（3）床头设置阅读照明。

（4）设置夜灯照明。

5.2.5 机电点位设计选项

（1）入口处墙面设置智能控制面板。

（2）电视柜或电视机处墙面预设内嵌式强弱电插座组。

（3）床头柜台面上 100 mm 处设置智能控制面板、1 个电源插座、1 个带 USB 插口的电源插座及 1 个电话网络插座。

（4）根据立面设计效果在其他墙面预留 2 个电源插座。

5.2.6 软装设计选项

（1）活动家具。

　①特大尺寸的床。

　②床头柜。

　③电视柜。

　④沙发组。

　⑤装饰边柜。

　⑥休闲椅。

（2）活动块毯：在大床处铺设活动块毯。

（3）装饰灯具。

　①装饰吊灯。

　②装饰壁灯。

（4）窗帘。

　①装饰布帘。

　②电动全遮光帘。

　③电动半遮光帘。

　④防蚊纱帘。

（5）装饰品及装饰画。

5.2.7 设备设施选项

（1）背景音乐喇叭。

（2）电视机。

5.3 主人卫生间

5.3.1 基本要求

（1）主人卫生间必须配置台盆及龙头、带洁身器的坐便器、按摩浴缸、带按摩喷头的淋浴设施。

（2）配置发热毛巾架、厕纸架、香皂架/盒、毛巾杆/盒及防雾镜面。

（3）其中坐便器和淋浴应单独设于一间。

（4）应安装一个独立的排气扇。

（5）设置暖风机或浴霸。

（6）配置夜灯照明。

5.3.2 饰面设计选项

（1）天花。

　　①防潮石膏板乳胶漆。

　　②防潮石膏板艺术漆。

　　③顶面线条：石膏线条。

（2）墙面。

　　①艺术漆。

　　②壁纸、壁布。

　　③石材。

　　④瓷砖。

　　⑤马赛克。

　　⑥墙面线条。

　　　a. 石材线条。

　　　b. 石膏线条。

（3）地面。

　　①石材。

　　②地砖。

　　③踢脚线。

　　　a. 石材踢脚线。

　　　b. 石膏踢脚线。

　　　c. 木质踢脚线。

5.3.3 门及锁具

（1）单扇实木平开门。

（2）高度不低于 2100 mm。

（3）采用浴室锁。

5.3.4 照明

（1）一般照明详见第 7.8.4 条。

（2）在装饰品或装饰画处设计重点照明。

（3）台盆处加强照明。

（4）配置夜灯照明。

5.3.5 机电点位设计选项

（1）入口处墙面设置智能控制面板。

（2）预设台盆、带洁身器的坐便器、按摩浴缸、淋浴设施的给排水点位。

（3）为带洁身器的坐便器设置电源插座，但不可与给水阀安装在同一侧。

（4）预设按摩浴缸的电源插座。

（5）为发热毛巾架设置电源插座。

（6）为防雾镜预留电源。

（7）根据立面设计效果在墙面上预留 1 个电源插座。

（8）在坐便器间设置电话网络插座及紧急按钮，按钮离地高度不得超过 900 mm。

5.3.6 固定家具

（1）台盆柜。

（2）储物衣柜。

5.3.7 软装设计选项

（1）活动家具。

　　①休闲椅。

　　②茶几。

　　③边柜。

（2）活动块毯：休闲椅处铺设活动块毯。

（3）装饰灯具。

　　①装饰吊灯。

　　②装饰壁灯。

（4）窗帘。

　　①风琴帘。

　　②电动半遮光帘。

　　③防蚊纱帘。

（5）装饰品及装饰画。

5.3.8 设备设施选项

（1）背景音乐喇叭。

（2）台盆及龙头。

（3）带洁身器的坐便器。

（4）按摩浴缸。

（5）带按摩喷头的淋浴设施。

（6）发热毛巾架。

（7）其他卫浴附件。

5.4　主人衣帽间

5.4.1 基本要求

（1）主人衣帽间由衣帽室和鞋室组成，同时应男女各单独设置一间。

（2）必须合理布局上装、长外套、长裤/裙、短裤/裙、内衣裤、各种配饰、鞋子及鞋盒等的放置区域，同时还应区分当季服装和换季服装的摆放位置并配备化妆桌及全身镜。

（3）由专业衣帽间厂商定制安装。

（4）衣帽柜应考虑保险柜的摆放位置，并进行加固处理。

5.4.2 饰面设计选项

（1）天花。

    ①石膏板乳胶漆。

    ②顶面线条。

      a. 石膏线条。

      b. 木质线条。

（2）墙面。

    ①乳胶漆。

    ②壁纸、壁布。

    ③木饰面。

    ④墙面线条。

      a. 石膏线条。

      b. 木质线条。

（3）地面。

    ①榫接木地板。

    ②踢脚线。

      a. 石膏踢脚线。

      b. 木质踢脚线。

5.4.3 门及锁具

（1）单扇实木平开门。

（2）高度不低于 2100 mm。

（3）采用密码锁。

5.4.4 照明

（1）一般照明详见第 7.8.4 条。

（2）在装饰品或装饰画处设计重点照明。

5.4.5 机电点位设计选项

（1）入口处墙面设置智能控制面板。

（2）预留衣柜灯具的电源接入点位。

（3）墙面至少预设 1 个电源插座。

5.4.6 固定家具

整体衣帽橱柜。

5.4.7 软装设计选项

（1）活动家具：休闲椅。

（2）装饰灯具。

  ①装饰吊灯。

  ②装饰壁灯。

（3）窗帘。

  ①装饰布帘。

  ②电动半遮光帘。

  ③防蚊纱帘。

（4）装饰品及装饰画。

5.4.8 设备设施选项

背景音乐喇叭。

■ 5.5　适童卧室

5.5.1 基本要求

（1）适童卧室是儿童的一个生活活动空间，色调可根据儿童的性别及喜好来设定。

（2）灯光效果应柔和并配置夜灯照明。

（3）所有饰面及家具面料都应选用柔和质地的材料，儿童可触及的家具硬角处安装柔性安全护角。

（4）如有落地窗应安装安全护栏，竖杆间距不大于 100 mm，离地高度不低于 1050 mm。

（5）配置夜灯照明。

（6）可单独设置一间衣帽间。

5.5.2 饰面设计选项

（1）天花。

  ①石膏板乳胶漆。

  ②顶面线条。

   a. 石膏线条。

   b. 木质线条。

（2）墙面。

  ①乳胶漆。

  ②壁纸、壁布。

  ③硬包、软包。

  ④木饰面。

  ⑤墙面线条。

   a. 石膏线条。

   b. 木质线条。

（3）地面。

    ①榫接木地板。

    ②踢脚线。

      a. 石膏踢脚线。

      b. 木质踢脚线。

5.5.3 门及锁具

（1）单扇实木平开门。

（2）高度不低于 2100 mm。

（3）采用钥匙锁。

5.5.4 照明

（1）一般照明详见第 7.8.4 条。

（2）在装饰品或装饰画处设计重点照明。

（3）床头设置阅读照明。

（4）配置夜灯照明。

5.5.5 机电点位设计选项

（1）入口处墙面设置智能控制面板。

（2）电视柜或电视机墙面处预设内嵌式强弱电插座组。

（3）床头柜台面上 100 mm 处设置智能控制面板、1 个电源插座、1 个带 USB 插口的电源插座及 1 个电话网络插座。

（4）其他墙面预留 2 个电源插座。

5.5.6 固定家具

整体衣帽柜。

5.5.7 软装设计选项

（1）活动家具。

    ①大床。

    ②床头柜。

    ③电视柜。

    ④书桌。

    ⑤装饰边柜。

    ⑥休闲椅。

（2）装饰灯具。

    ①装饰吊灯。

    ②装饰壁灯。

（3）窗帘。

    ①装饰布帘。

    ②电动全遮光帘。

③电动半遮光帘。

④防蚊纱帘。

（4）装饰品、装饰画。

5.5.8 设备设施选项

（1）背景音乐喇叭。

（2）电视机。

■ 5.6 适童卫生间

5.6.1 基本要求

（1）适童卫生间可根据儿童的身高适当降低台盆柜的高度，但不宜低于100 mm。

（2）卫生间内必须配置台盆及龙头、坐便器、浴缸、淋浴设施。

（3）配置发热毛巾架、厕纸架、香皂架/盒、毛巾杆/盒及防雾镜面。

（4）其中坐便器和淋浴应单独设于一间。

（5）应安装一个独立的排气扇。

（6）设置暖风机或浴霸。

（7）配置夜灯照明。

5.6.2 饰面设计选项

（1）天花。

①防潮石膏板乳胶漆。

②防潮石膏板艺术漆。

③顶面线条：石膏线条。

（2）墙面。

①艺术漆。

②壁纸、壁布。

③石材。

④瓷砖。

⑤马赛克。

⑥墙面线条。

a. 石材线条。

b. 石膏线条。

（3）地面。

①石材。

②地砖。

③踢脚线。

a. 石材踢脚线。

      b. 石膏踢脚线。

      c. 木质踢脚线。

5.6.3 门及锁具

(1) 单扇实木平开门。

(2) 高度不低于 2100 mm。

(3) 采用浴室锁。

5.6.4 照明

(1) 一般照明详见第 7.8.4 条。

(2) 在装饰品或装饰画处设计重点照明。

(3) 台盆处加强照明。

(4) 设置夜灯照明。

5.6.5 机电点位设计选项

(1) 入口处墙面设置智能控制面板。

(2) 预设台盆、坐便器、浴缸、淋浴设施的给排水点位。

(3) 如坐便器配备洁身器则应预设电源插座,但不可与给水阀安装在同一侧。

(4) 预设按摩浴缸的电源插座。

(5) 为发热毛巾架设置电源插座。

(6) 根据立面设计效果在墙面上预留 1 个电源插座。

(7) 在坐便器间设置电话网络插座及紧急按钮,按钮离地高度不得超过 900 mm。

5.6.6 固定家具

(1) 台盆柜。

(2) 更衣柜。

5.6.7 软装设计选项

(1) 活动家具。

    ①休闲椅。

    ②茶几。

    ③边柜。

(2) 活动块毯:休闲椅处铺设活动块毯。

(3) 装饰灯具。

    ①装饰吊灯。

    ②装饰壁灯。

(4) 窗帘。

    ①风琴帘。

    ②电动半遮光帘。

    ③防蚊纱帘。

(5) 装饰品、装饰画。

5.6.8 设备设施选项

(1) 背景音乐喇叭。

(2) 台盆及龙头。

(3) 坐便器。

(4) 按摩浴缸。

(5) 淋浴设施。

(6) 发热毛巾架。

(7) 其他卫浴附件。

■ 5.7 适老(残障)卧室

5.7.1 基本要求

(1) 适老(残障)卧室的设计必须以老人使用方便为原则。

(2) 整体用料宜偏暖色调,灯光效果应以柔和为主并配置夜灯照明。

(3) 所有通道的宽度不可小于轮椅的转弯半径 1500 mm。

(4) 应设计迷你吧台,配置水槽及龙头、小冰箱。

(5) 可单独设置一间衣帽间。

5.7.2 饰面设计选项

(1) 天花。

　　①石膏板乳胶漆。

　　②顶面线条。

　　　　a. 石膏线条。

　　　　b. 木质线条。

(2) 墙面。

　　①乳胶漆。

　　②壁纸、壁布。

　　③硬包、软包。

　　④木饰面。

　　⑤墙面线条。

　　　　a. 石膏线条。

　　　　b. 木质线条。

(3) 地面。

　　①榫接木地板。

　　②踢脚线。

　　　　a. 石膏踢脚线。

　　　　b. 木质踢脚线。

5.7.3 门及锁具

（1）单扇实木平开门。

（2）高度不低于 2100 mm。

（3）采用钥匙锁。

5.7.4 照明

（1）一般照明详见第 7.8.4 条。

（2）在装饰品或装饰画处设计重点照明。

（3）床头设置阅读照明。

（4）配置夜灯照明。

5.7.5 机电点位设计选项

（1）入口处墙面设置智能控制面板。

（2）电视柜或电视机处墙面预设内嵌式强弱电插座组。

（3）床头柜台面上 100 mm 处设置智能控制面板、1 个电源插座、1 个带 USB 插口的电源插座及 1 个电话网络插座。

（4）其他墙面预留 2 个电源插座。

（5）迷你吧台预设水槽及龙头的给排水点位及小冰箱、直饮水净水器的电源插座。

5.7.6 固定家具

整体衣帽柜。

5.7.7 软装设计选项

（1）活动家具。

　　①大床。

　　②床头柜。

　　③电视柜。

　　④沙发组。

　　⑤装饰边柜。

　　⑥休闲椅。

（2）装饰灯具。

　　①装饰吊灯。

　　②装饰壁灯。

（3）窗帘。

　　①装饰布帘。

　　②电动全遮光帘。

　　③电动半遮光帘。

　　④防蚊纱帘。

（4）装饰品及装饰画。

5.7.8 设备设施选项

（1）背景音乐喇叭。

（2）电视机。

（3）水槽及龙头。

（4）小冰箱。

（5）直饮水净水器。

■5.8 适老（残障）卫生间

5.8.1 基本要求

（1）适老（残障）卫生间必须配置台盆及龙头、坐便器、浴缸、淋浴设施。

（2）配置发热毛巾架、厕纸架、香皂架/盒、毛巾杆/盒及防雾镜面。

（3）其中坐便器和淋浴应单独设于一间。

（4）安装一个独立的排气扇。

（5）配置夜灯照明。

（6）所有通道的宽度不可小于轮椅的转弯半径 1500 mm。

（7）在坐便器、浴缸、淋浴间都必须设置安全扶手。

5.8.2 饰面设计选项

（1）天花。

    ①防潮石膏板乳胶漆。

    ②防潮石膏板艺术漆。

    ③顶面线条：石膏线条。

（2）墙面。

    ①艺术漆。

    ②壁纸、壁布。

    ③石材。

    ④瓷砖。

    ⑤马赛克。

    ⑥墙面线条。

      a.石材线条。

      b.石膏线条。

（3）地面。

    ①石材。

    ②地砖。

    ③踢脚线。

      a.石材踢脚线。

　　　　b. 石膏踢脚线。

　　　　c. 木质踢脚线。

5.8.3 门及锁具

（1）单扇实木平开门。

（2）高度不低于 2100 mm。

（3）采用浴室锁。

5.8.4 照明

（1）一般照明详见第 7.8.4 条。

（2）在装饰品或装饰画处设计重点照明。

（3）台盆处加强照明。

（4）配置夜灯照明。

5.8.5 机电点位设计选项

（1）入口处墙面设置智能控制面板。

（2）预设台盆及龙头、坐便器、浴缸、淋浴设施的给排水点位。

（3）如坐便器配备洁身器则应预设电源插座，但不可与给水阀安装在同一侧。

（4）预设按摩浴缸的电源插座。

（5）为发热毛巾架设置电源插座。

（6）根据立面设计效果在墙面上预留 1 个电源插座。

（7）在坐便器间设置电话网络插座及紧急按钮，按钮离地高度不得超过 900 mm。

5.8.6 固定家具

（1）台盆柜。

（2）更衣柜。

5.8.7 软装设计选项

（1）活动家具。

　　　　①休闲椅。

　　　　②茶几。

　　　　③边柜。

（2）活动块毯：休闲椅处铺设活动块毯。

（3）装饰灯具。

　　　　①装饰吊灯。

　　　　②装饰壁灯。

（4）窗帘。

　　　　①风琴帘。

　　　　②电动半遮光帘。

　　　　③防蚊纱帘。

（5）装饰品及装饰画。

5.8.8 设备设施选项

（1）背景音乐喇叭。

（2）台盆及龙头。

（3）坐便器。

（4）按摩浴缸。

（5）淋浴设施。

（6）发热毛巾架。

（7）其他卫浴附件。

■5.9　标准卧室

5.9.1 基本要求

（1）标准卧室应设计柔和的灯光效果，并配置夜灯照明。

（2）应设计迷你吧台，配置水槽及龙头、小冰箱。

（3）可单独设置一间衣帽间。

5.9.2 饰面设计选项

（1）天花。

　　①石膏板乳胶漆。

　　②顶面线条。

　　　a.石膏线条。

　　　b.木质线条。

（2）墙面。

　　①乳胶漆。

　　②壁纸、壁布。

　　③硬包、软包。

　　④木饰面。

　　⑤墙面线条。

　　　a.石膏线条。

　　　b.木质线条。

（3）地面。

　　①榫接木地板。

　　②踢脚线。

　　　a.石膏踢脚线。

　　　b.木质踢脚线。

5.9.3 门及锁具

（1）单扇实木平开门。

（2）高度不低于 2100 mm。

（3）用密码锁。

5.9.4 照明

（1）一般照明详见第 7.8.4 条。

（2）在装饰品或装饰画处设计重点照明。

（3）床头设置阅读照明。

（4）夜灯照明。

5.9.5 机电点位设计选项

（1）入口处墙面设置智能控制面板。

（2）电视柜或电视机处墙面预设内嵌式强弱电插座组。

（3）床头柜台面上 100 mm 处设置智能控制面板、1 个电源插座、1 个带 USB 插口的电源插座及 1 个电话网络插座。

（4）其他墙面预留 2 个电源插座。

（5）迷你吧台预设水槽及龙头的给排水点位及小冰箱、直饮水净水器的电源插座。

5.9.6 软装设计选项

（1）活动家具。

　　①大床。

　　②床头柜。

　　③电视柜。

　　④沙发组。

　　⑤装饰边柜。

　　⑥休闲椅。

（2）活动块毯：大床处铺设活动块毯。

（3）装饰灯具。

　　①装饰吊灯。

　　②装饰壁灯。

（4）窗帘。

　　①装饰布帘。

　　②电动全遮光帘。

　　③电动半遮光帘。

　　④防蚊纱帘。

（5）装饰品及装饰画。

5.9.7 设备设施选项

（1）背景音乐喇叭。

（2）电视机。

（3）水槽及龙头。

（4）小冰箱。

（5）直饮水净水器。

5.10　标准卫生间

5.10.1 基本要求

（1）标准卫生间必须配置台盆及龙头、坐便器、浴缸、淋浴设施。

（2）配置发热毛巾架、厕纸架、香皂架/盒、毛巾杆/盒及防雾镜面。

（3）其中坐便器和淋浴应单独设于一间。

（4）应安装一个独立的排气扇。

（5）配置夜灯照明。

5.10.2 饰面设计选项

（1）天花。

  ①防潮石膏板乳胶漆。

  ②防潮石膏板艺术漆。

  ③顶面线条:石膏线条。

（2）墙面。

  ①艺术漆。

  ②壁纸、壁布。

  ③石材。

  ④瓷砖。

  ⑤马赛克。

  ⑥墙面线条。

   a.石材线条。

   b.石膏线条。

（3）地面。

  ①石材。

  ②地砖。

  ③踢脚线。

   a.石材踢脚线。

   b.石膏踢脚线。

5.10.3 门及锁具

（1）单扇实木平开门。

（2）高度不低于 2100 mm。

（3）采用浴室锁。

5.10.4 照明

（1）一般照明详见第 7.8.4 条。

（2）在装饰品或装饰画处设计重点照明。

（3）台盆处加强照明。

（4）夜灯照明。

5.10.5 机电点位设计选项

（1）入口处墙面设置智能控制面板。

（2）预设台盆及龙头、坐便器、浴缸、淋浴设施的给排水点位。

（3）如坐便器配备洁身器则应预设电源插座，但不可与给水阀安装在同一侧。

（4）预设按摩浴缸的电源插座。

（5）为发热毛巾架设置电源插座。

（6）根据立面设计效果在墙面上预留 1 个电源插座。

（7）在坐便器间设置电话网络插座及紧急按钮，按钮离地高度不得超过 900 mm。

5.10.6 固定家具

（1）台盆柜。

（2）更衣柜。

5.10.7 软装设计选项

（1）活动家具。

　　①休闲椅。

　　②茶几。

　　③边柜。

（2）活动块毯：休闲椅处铺设活动块毯。

（3）装饰灯具。

　　①装饰吊灯。

　　②装饰壁灯。

（4）窗帘。

　　①风琴帘。

　　②电动半遮光帘。

　　③防蚊纱帘。

（5）装饰品及装饰画。

5.10.8 设备设施选项

（1）背景音乐喇叭。

（2）台盆及龙头。

（3）坐便器。

（4）浴缸。

（5）淋浴设施。

（6）发热毛巾架。

（7）其他卫浴附件。

6 后场区

■6.1 所有办公室

6.1.1 基本要求

（1）所有办公室需要设计明亮柔和的灯光效果。

（2）应配备商用级高质量隔断和与周围协调的办公家具。

6.1.2 饰面设计选项

（1）天花。

　　①石膏板乳胶漆。

　　②吸声板吊顶。

　　③顶面线条：石膏线条。

（2）墙面。

　　①乳胶漆。

　　②壁纸、壁布。

　　③木饰面。

（3）地面。

　　①地毯：尼龙地毯。

　　②踢脚线。

　　　a.木质踢脚线。

　　　b.乙烯基踢脚线。

6.1.3 门及锁具

（1）单扇实木平开门。

（2）高度不低于 2100 mm。

（3）采用钥匙锁或门禁锁。

6.1.4 机电点位设计选项

（1）所有办公室照明开关就近整合设置。

（2）每个写字台至少应配置 4 个电源插座和 1 个电话网络插座。

（3）每面墙上应至少配备 1 个电源插座，并且插座间的中心距离不超过 6000 mm。

（4）为复印机配备一个单独回路供电的 40 A 插座。

（5）每个办公室区域配备一个单独的温控器。除总经理办公室外,其他独立办公室不需要进行单独温控。

6.1.5 照明

一般照明详见第 7.8.4 条。

6.1.6 前台办公室

（1）前台办公室必须邻近前台,并且必须包括以下区域办公室。

　　①前台经理办公室。

　　②配备一张夜场值班办公桌。

　　③出纳办公室应位于财务区内。

　　④员工保险箱区应邻近清点室。

　　⑤保险箱室和存放室。

（2）清点室的最小面积为 4 m^2,必须紧邻出纳室。

（3）清点室必须设有以下设备。

　　①带闭门器的入口门,安装钢化玻璃可视窗或侧窗,用于安全监视。

　　②600 mm×1800 mm 的用于清点收款的清点台。

　　③出纳室设置带有开口的投放式保险箱,用于存放现金收款。

（4）如果有单独的前台经理办公室,应配备玻璃隔断以便对前台区域进行监视。

6.1.7 行政办公室

（1）当行政办公室与其他管理办公室合在一起时,应设计一个从公共区或客人走廊通往接待区的单独入口。

（2）无论行政办公室合用或者独立,均应设置一个接待区。

（3）总经理办公室配备一个额外的电话插座。

6.1.8 财务办公室

（1）在可能的情况下,财务办公室与其他行政办公室合并在一起。

（2）配备一个区域用于存放纸质财务文件。

（3）配备一个出纳办公室。

（4）每个写字台至少应配置 4 个电源插座和 1 个电话网络插座。

6.1.9 人力资源办公室

（1）人力资源办公室必须设在员工入口处,并通过窗户、采光口或玻璃门对员工入口进行监视。

（2）在人力资源职员办公室邻近区域配备一间培训室。

（3）培训室配备一台高清电视机和 DVD 播放器。

6.2　食物准备区/厨房

6.2.1 基本要求

（1）所有厨房必须由专业厨房顾问设计。

（2）厨房位置必须满足取菜区与餐厅之间的行走距离最短。

（3）应配备由收货区至厨房储藏间和食物准备区的直接通道。

（4）应在工作台下方配备一个空间，用以存放送餐服务车。

（5）厨房公共区的最小过道宽度为 1100 mm，主厨区的最小过道宽度为 900 mm，烤炉前方应设计额外的间距。

（6）公共区和后场区之间的过渡区域必须能够隔绝这些区域之间的声音、光线和视线。

（7）如果为多个楼层服务，则应为厨房配备服务电梯和楼梯等便捷服务通道。

（8）洗碗区和其他厨房功能区之间应避免动线交叉。

（9）洗碗区应预留空间用于处理脏餐具和存放运碟车及送餐服务车。

（10）组装式厨房柜台和桌子应采用折叠边缘和悬垂设计，以便于设备收纳时能够紧密贴缝。

（11）厨房洗手盆应采用感应水龙头，并配备垃圾箱、不锈钢纸巾分配器和洗手液分配器。

（12）厨房排风系统设计应符合标准 ANSI/NFPA 96（www.nfpa.org）的要求，包括送风与排风风机之间的连锁设计、排油烟机风管系统设计、排油烟风罩设计、风罩消防系统设计、燃气控制阀设计和手动切断装置设计。

（13）所有安装在地下的隔油器上游管道必须采用金属管，不允许采用塑料管道。

（14）在厨房配备一个与水管连接并符合标准 ANSI/ISEA Z358.1（www.ansi.org）或具有项目所在国家同等安全标准的紧急洗眼器，并配置地漏。

（15）总厨办公室应设于厨房内，其位置应便于对厨房的运行进行监控。

6.2.2 饰面设计选项

（1）天花。

　　①金属扣板。

　　②天花最低高度不宜低于 3000 mm。

（2）墙面。

　　①环氧树脂墙面漆。

　　②瓷砖。

　　③耐火无缝聚氯乙烯护墙板。

　　④所有墙面应符合法规要求，并且表面易清洗。

　　⑤在容易受到过往的手推车损坏的柱子和墙外角处设置不锈钢或橡胶材质的护角或护墙板。

　　⑥邻接公共区域且产生热量和噪声的设备后面应设置隔声绝热墙。

（3）地面。

　　①地砖。

　　②环氧树脂自流平地坪。

　　③人流密集区域应设置防滑垫。

　　④所有地面应坡向地漏。

⑤所有交界地面必须齐平,以便于手推车移动,并避免人员绊倒。

⑥踢脚线。

    a.瓷砖踢脚线。

    b.通体合成材料踢脚线。

6.2.3 门及锁具

(1) 厨房收货门的最小尺寸为 900 mm(宽)×2100 mm(高)。

(2) 厨房收货门必须带有门锁和闭门器。

(3) 厨房服务门可以设计为内外双向开门,如为单向开门则应有闭门器。

6.2.4 照明

(1) 一般照明详见第 7.8.4 条。

(2) 配备采用暖白色光源的嵌入式防潮荧光灯具。

(3) 所有灯具采用透明塑料外罩或者使用自带防护灯罩的光源。

6.2.5 机电点位设计选项

(1) 应配备相应的电源插座,同时配备 6 个额外的通用电源插座。

(2) 厨房区域配备一个墙装电话插座。

(3) 应按要求设置排水槽及地漏。

■ 6.3　食物与饮料储藏室

6.3.1 基本要求

(1) 食物与饮料储藏室必须由专业厨房顾问进行设计。

(2) 食物储藏室必须位于收货区和食物准备区之间的中心位置,但必须与厨师使用的冷库和宴会准备区分开。

(3) 饮料分配设备间必须位于其服务分配点的中心位置。

(4) 食物与饮料库存品必须放置在开放式钢质货架上、总库储藏区的货箱内,或者放在冷藏冰箱与冷库内。

(5) 对于批量未加工的食物,无论干燥或者需要冷藏,均必须与即将配送和正在准备的食物分开存放。

(6) 冷藏间必须采用隔热天花。

6.3.2 饰面设计选项

(1) 天花。

    ①石膏板乳胶漆。

    ②金属扣板。

(2) 墙面。

    ①乳胶漆。

    ②为结构和墙阳角配备金属或橡胶材质的护角和护墙板。

(3) 地面。

 ①地砖。

 ②环氧树脂自流平地坪。

 ③踢脚线。

  a. 瓷砖踢脚线。

  b. 通体合成材料踢脚线。

6.3.3 门及锁具

(1) 门的最小尺寸为 900 mm(宽)×2100 mm(高)。

(2) 带有门锁和闭门器。

6.3.4 白酒和葡萄酒储藏间

(1) 白酒和葡萄酒必须储藏在单独的带锁的储藏间内,并且白酒应存放在凉爽的区域内。

(2) 葡萄酒的储藏间必须进行专业设计,并且室内温度应保持理想的储藏温度。

(3) 白酒和葡萄酒储藏间的位置必须满足有便捷的动线通往餐厅和酒吧。此外,还应有方便的动线通往宴会(多功能)厅和提供餐饮服务的酒吧。白酒储藏间的位置必须邻近主要服务通道。

(4) 入口门应采用防火门,最小宽度为 1200 mm,配置锁具、防撞板和带保持门开启功能的闭门器。

(5) 应设置地漏。

(6) 配备带有防潮外罩的荧光灯灯具。

6.3.5 服务酒窖

(1) 如有需要,可设计一个带锁的服务冷藏酒窖。

(2) 酒窖区域必须经过专业设计,并包括存放啤酒箱、啤酒桶、二氧化碳饱和器、相关的分配装置、泵组、气体瓶的区域以及二氧化碳气瓶的缓冲安全区等。

(3) 为便于运输,酒窖的位置必须靠近服务通道和通往室外的出口门。酒窖应有方便的动线通往酒吧,以尽量缩短配送距离。

(4) 入口门应采用防火门,最小宽度为 1200 mm,配置锁具、防撞板和带保持门开启功能的闭门器。

(5) 酒窖区域必须设置酒品储藏架。

(6) 墙壁和天花板温度较高的一侧必须设置防潮层。

(7) 配备一个有冷热水感应龙头的低位拖把池。

(8) 必须设置地漏。

(9) 配备带有防潮外罩的荧光灯灯具。

6.3.6 步入式冷库

(1) 步入式冷库应安装在储藏区内。

(2) 配备模块化的成品步入式冷库和冷藏室,包括现场安装的 100 mm 预制聚氨酯泡沫隔热板、防潮灯具、外置温控器和高温报警系统。

（3）步入式冷库的最小高度为 2600 mm。步入式冷库的库顶到天花板底或结构板以上,应采用一体式隔板或石膏隔板。

（4）步入式冷库不能采用预制地板。步入式冷库下方的建筑楼板必须进行降板和保温处理。所有冷库和冷藏室与周围区域的楼板必须进行隔离。

（5）步入式冷库的门及加热装置位置应进行降板。

（6）步入式冷库的门上至少应设置一个 300 mm(宽)×400 mm(高)的视窗。不能采用雪柜式拉手门。

（7）步入式冷库入口门的最小宽度为 1100 mm,且应配置锁具、防撞板和带保持门开启功能的闭门器。

（8）步入式冷库的入口门应内置逃生五金件。

（9）步入式冷库内的搁架区应大致由 1/3 全高搁架、1/3 隔板搁架和 1/3 的开放区域组成。全高搁架应放在冷库的后方。

（10）步入式冷库的冷凝单元和蒸发器盘管选型应满足冷藏室的温度控制在 1.6 ℃,冷冻室温度控制在 −23 ℃ 的要求。

（11）步入式冷库天花应设置防潮灯。除了灯具开关线以外,所有导线管必须安装在冷库的外面。如果冷库有两扇及两扇以上的门,应配备三线双控开关。

■ 6.4 后勤服务区

6.4.1 洗衣房基本要求

（1）洗衣房必须由专业洗衣顾问设计并确定设备规格。

（2）洗衣房必须安装在地面及以下楼层,并且不得邻接或者位于宴会厅、书房、卫生间、餐厅或任何其他公共空间的上下楼层。

（3）洗衣房必须与后勤服务区相邻。

（4）应配备一个布草车停放区域。

（5）烘干机必须设置在由防火石膏板封闭的空间内。机器后方应有至少 600 mm 的维护通道。应核实所有维修通道的要求。机房门必须向外打开。

（6）洗衣房面积的 20% 必须分配为脏布草分拣区域。分拣区必须紧邻清洗区。

（7）如有需要,可配备一台熨衣机和整理设备。允许使用蒸汽加热的熨衣机。

6.4.2 饰面设计选项

（1）天花:防潮石膏板乳胶漆。

（2）墙面。
　　①环氧树脂漆。
　　②防蒸汽石膏板墙。
　　③为结构和墙阳角配备金属或橡胶材质的护角和护墙板。

（3）地面。

①地砖。

②踢脚线。

    a. 通体合成材料踢脚线。

    b. 瓷砖踢脚线。

6.4.3 门及锁具

(1) 洗衣房主入口应采用双扇门。

(2) 每扇最小尺寸 900 mm(宽)×2100 mm(高),配置钥匙锁。

(3) 带有保持门开启功能的闭门器。

6.4.4 照明

一般照明详见第 7.8.4 条。

6.4.5 机电点位设计选项

(1) 配备洗衣脱水机所使用的排水槽或地漏,并且洗衣房地面应坡向地漏,地漏应带有易于清洁的纤毛收集器。

(2) 洗衣设备的供水水温应满足设备供应商与化学药剂系统供应商的推荐值。

(3) 洗衣房应为每台设备和每种类型设备配备单独的开关。

(4) 在烘干机区域的中心配备一个地漏。对于不从滚筒上方进行排风的大型熨平机,应在排风管连接位置下方安装一个地漏。

(5) 为洗衣脱水机、烘干机和熨衣机配置电源插座。

(6) 为洗衣房每面墙至少配备 1 个电源插座,插座中心的间距不超过 6000 mm。

(7) 每台洗衣机的背面应配备 1 个电源插座,用于设备检修及对清洁剂分配器供电。

(8) 烘干机的背面配备 1 个电源插座,用于设备检修。

(9) 熨衣机附近的墙或柱上配备 1 个电源插座,用于设备检修。

■6.5　工程部

6.5.1 基本要求

(1) 工程部必须包括总工办公室、工程师办公室、带锁的储藏间、油漆间和一个开阔的工作区。

(2) 油漆间构造必须符合储藏危险材料的适用法规。

(3) 配置一张与工作区内某面墙同宽的工作台。

(4) 须配置一个带有感应水龙头的工作台盆。

6.5.2 饰面设计选项

(1) 天花:石膏板乳胶漆。

(2) 墙面:乳胶漆。

(3) 地面。

    ①地砖。

②踢脚线。

　　a. 瓷砖踢脚线。

　　b. 乙烯基踢脚线。

6.5.3 门及锁具

（1）单扇实木平开门，带闭门器。

（2）高度不低于 2100 mm。

（3）采用钥匙锁。

6.5.4 机电点位设计选项

（1）在工作台中心 900 mm 高度处安装一个电源插座，且每面墙上插座间的中心距离不超过 6000 mm。

（2）工程部的所有电源插座必须安装在离地 1200 mm 的位置。

（3）应至少配备两个采用单独回路的 20 A 插座，用于为固定式电动工具供电。

（4）工作台至少应配备一个 30 A 的插座。

（5）每张工程师办公桌配备 4 个电源插座和 1 个电话网络插座。

■6.6　服务人员设施区

6.6.1　服务人员餐厅/休息室

（1）基本要求。

①服务人员餐厅/休息室的位置应靠近更衣室。

②服务人员餐厅/休息室的位置必须便于员工餐厅、厨房的送餐服务。

③应为服务人员餐厅/休息室配备一间厨房。

④配备一个脏餐具和垃圾的存放区。

⑤应设置一个用餐间，并配置餐桌和餐椅。

⑥应配备至少 900 mm 宽的通道。

⑦在公共活动室内划出一个房间或区域用于员工洗衣。

⑧设置一间清洁储藏室。

（2）饰面设计选项。

①天花:石膏板乳胶漆。

②墙面。

　　a. 乳胶漆。

　　b. 壁纸、壁布。

③地面。

　　a. 乙烯基复合地板。

　　b. 地砖。

　　c. 踢脚线。

    (a)乙烯基踢脚线。

    (b)木质踢脚线。

    (c)瓷砖踢脚线。

    (d)通体合成材料踢脚线。

（3）门及锁具。

  ①单扇实木平开门，带闭门器。

  ②高度不低于 2100 mm。

  ③采用钥匙锁。

（4）照明。

最低照度要求详见第 7.8.4 条。

（5）机电点位设计选项。

  ①为所有设备预留电源插座。

  ②电视机墙面设置强弱电插座。

  ③预留 2 个电源插座备用。

（6）设备设施选项。

  ①电视机。

  ②冰箱。

  ③饮水机。

  ④微波炉。

  ⑤水槽及龙头。

  ⑥其他家电设备。

6.6.2 服务人员卧室

（1）基本要求。

  ①男、女服务人员卧室必须分开设置。

  ②高级管理人员卧室应配备一台冰箱。

  ③应配备一间卫生间，并且配置坐便器、台盆、淋浴设施。

  ④应设置一个迷你吧台，并配置冰箱、台盆、微波炉及垃圾桶等。

  ⑤配备电视机、沙发、橱柜和冰箱。

  ⑥配置带有书报架、桌椅的阅读区。

（2）饰面设计选项。

  ①天花。

   a.石膏板乳胶漆。

   b.顶面线条：石膏线条。

  ②墙面。

   a.乳胶漆。

   b.壁纸、壁布。

    c. 木饰面。

   ③地面。

    a. 榫接木地板。

    b. 踢脚线:木质踢脚线。

（3）门及锁具。

   ①单扇实木平开门。

   ②高度不低于 2100 mm。

   ③采用钥匙锁。

（4）照明。

一般照明详见第 7.8.4 条。

6.6.3 服务人员更衣室

（1）基本要求。

   ①服务人员更衣室应男、女单独设立。

   ②每个更衣室应有一个带淋浴的卫生间。

   ③更衣室设计必须满足无须穿越卫生间即可到达更衣柜区域。

（2）饰面设计选项。

   ①天花。

    a. 石膏板乳胶漆。

    b. 顶面线条:石膏线条。

   ②墙面。

    a. 乳胶漆。

    b. 壁纸、壁布。

    c. 木饰面。

   ③地面。

    a. 地砖。

    b. 踢脚线。

     （a）木质踢脚线。

     （b）瓷砖踢脚线。

（3）门及锁具。

   ①单扇实木平开门。

   ②高度不低于 2100 mm。

   ③采用浴室锁。

（4）照明。

一般照明详见第 7.8.4 条。

6.6.4 服务人员卫生间

（1）基本要求。

①服务人员卫生间必须男、女独立设置，并在入口处设计前室以阻挡视线。

②卫生间应配置台盆、龙头、坐便器及淋浴设施。

③配置毛巾杆、厕纸架、壁挂式纸巾分配器、壁挂式洗手液分配器、干手机、镜面。

④每扇门的门后应安装一个衣帽钩，离地高度应为 1200 mm。

⑤坐便器与淋浴设施之间须设有隔断和门。

⑥设置排风扇。

（2）饰面设计选项。

　　①天花：防潮石膏板乳胶漆。

　　②墙面：瓷砖。

　　③地面。

　　　　a. 地砖。

　　　　b. 石材。

　　　　c. 踢脚线。

　　　　　（a）瓷砖踢脚线。

　　　　　（b）石材踢脚线。

（3）门及锁具。

　　①单扇实木平开门。

　　②高度不低于 2100 mm。

　　③采用浴室锁。

（4）照明。

一般照明详见第 7.8.4 条。

6.6.5 倒班宿舍

（1）如果员工必须留下过夜，则必须配备住宿区域。

（2）至少配备一间员工值班卧室。

（3）如有需要可配置一间高级管理人员倒班宿舍。

（4）每间倒班宿舍必须设置一间卫生间，并配备坐便器、台盆和淋浴设施。

（5）倒班宿舍必须配备一部电话。

（6）必须配备高清电视机。

（7）卫生间内配备一根晾衣绳。

（8）高级管理人员倒班宿舍必须配备一台冰箱。

（9）每个倒班宿舍必须配备一张带镜子的梳妆台、一张桌子和两把椅子。

（10）基于保护个人隐私考虑，床与床之间必须设置半封闭隔断隔开。

（11）必须为每位员工配备单独的储物柜。

（12）每张床必须配备单独的床头灯。

■ 6.7 储藏区

6.7.1 基本要求

（1）配备一个区域用于放置常用物品。

（2）每面墙应至少配备 1 个电源插座，并且插座间的中心距离不超过 6000 mm。

6.7.2 饰面设计选项

（1）天花：石膏板乳胶漆。

（2）墙面：乳胶漆。

（3）地面。

　　①地砖。

　　②踢脚线：瓷砖踢脚线。

6.7.3 门及锁具

（1）单扇平开门。

（2）高度不低于 2100 mm。

（3）采用钥匙锁。

6.7.4 照明

一般照明详见第 7.8.4 条。

■ 6.8 强电间

6.8.1 基本要求

（1）预先规划强电箱位置。

（2）所有配电箱和回路必须进行标识。

（3）除非当地主管部门不允许，否则所有面向公共区域的配电箱均上锁。如果可能，配电箱应设置在单独的强电间内。

（4）每面墙应至少配备 1 个电源插座，并且插座间的中心距离不超过 6000 mm。

6.8.2 饰面设计选项

（1）天花：石膏板乳胶漆。

（2）墙面：乳胶漆。

（3）地面。

　　①混凝土钢抹压光并密封。

　　②地砖。

　　③踢脚线。

　　　a. 乙烯基踢脚线。

b. 瓷砖踢脚线。

6.8.3 门及锁具

（1）单扇平开门,带闭门器。

（2）高度不低于 2100 mm。

（3）采用钥匙锁。

6.8.4 照明

一般照明详见第 7.8.4 条。

6.9 机械机房

6.9.1 基本要求

（1）地面应至少降板 20 mm 以防止积水。

（2）机房内应至少配备一个或者满足设备排水和溢水需求的足够数量的黄铜地漏。

（3）每面墙应至少配备 1 个电源插座,并且插座间的中心距离不超过 6000 mm。

6.9.2 饰面设计选项

（1）天花:石膏板乳胶漆。

（2）墙面:乳胶漆。

（3）地面。

　　①混凝土钢抹压光并密封。

　　②地砖。

　　③踢脚线。

　　　　a. 乙烯基踢脚线。

　　　　b. 瓷砖踢脚线。

6.9.3 门及锁具

（1）双扇平开门,配置带有保持门开启功能的闭门器。

（2）高度不低于 2100 mm。

（3）采用钥匙锁。

6.9.4 照明

一般照明详见第 7.8.4 条。

6.10 计算机/通信机房

6.10.1 基本要求

（1）计算机机房用于放置主程控交换机、宽带网络和交互式网络电视(IPTV)设备。

（2）计算机机房不允许同时作为通往其他房间的通道。

（3）计算机机房不允许邻接可能发生过热、电磁辐射、火灾或淹水等各种危险的区域。

（4）为提高工作效率，计算机机房设备间必须将通信设备布置在 30 m 范围内。

（5）地板结构承重不得小于 $100\ kg/m^2$。

（6）计算机机房上层的地板必须进行防水处理，并且所有天花、墙面、地面上的开孔必须进行防水封堵。

（7）计算机机房内不允许有任何阻碍设备安装的结构柱或其他凸出物。

（8）计算机机房不允许开窗。

（9）机房必须满足当地地震或灾害规范要求。

（10）每面墙应至少配备 1 个电源插座，并且插座间的中心距离不超过 6000 mm。

（11）必须提供一张工作台，可用于永久性的办公，应有干净的工作区放置电脑或服务器。

（12）计算机机房应安装专用的空调系统，并且所有末端单元，包括空调水管、附件或冷凝管等，不应装在计算机及通信设备的正上方。机房空调的理想安装位置是机房外，可通过送回风管与机房连接。

（13）提供温度过高、过低和湿度过高故障报警，并且应能在保安办公室（若有）和工程部办公室发出警报。

（14）设备机架的前后必须预留足够的检修空间。

（15）UPS 电池容量至少可供计算机系统工作 1 h，如果没有配置发电机，则 UPS 电池容量至少可供计算机系统工作 4 h。所有 UPS 回路必须由断路器进行保护，并且在两端有清晰的标识。

（16）必须保持 20 ℃ 左右的恒温或更低的温度，并应在机箱外设置旁路开关和一个故障提示外部警报装置。

6.10.2 饰面设计选项

（1）天花：结构板喷涂环氧漆。

（2）墙面。

 ①乳胶漆。

 ②环氧树脂漆。

（3）地面。

 ①防静电材料（ESD）的地板、墙面漆、地毯或石塑材料（VCT）地板。

 ②踢脚线：乙烯基踢脚线。

6.10.3 门及锁具

（1）单扇平开门。

（2）高度不低于 2100 mm。

（3）采用钥匙锁。

6.10.4 照明

一般照明详见第 7.8.4 条。

■ 6.11 垃圾收集区

6.11.1 垃圾压实机/集装箱

（1）基本要求。

　　①如有需要,配备垃圾压实机/集装箱。

　　②垃圾压实机必须自带集装箱,通过钥匙启动压力开关动作,并配置具有冲洗能力的故障保护顶盖。

　　③垃圾压实机的投入口位置必须便于由收货平台直接到达。

　　④应与设备供应商确认移动垃圾压实机/集装箱的水平和垂直间距及高度。

　　⑤在靠近垃圾压实机/集装箱的装货平台处安装护栏。

　　⑥在垃圾压实机下方安装一台自吸式排水地漏,排水地漏应位于垃圾压实机区域的一端,这样当垃圾压实机/集装箱安装到位后仍能进行检修。

　　⑦根据具体的设备型号,为垃圾压实机/集装箱配备电源。

　　⑧垃圾压实机/集装箱应具有一个紧急停止开关可立即中断运行。

　　⑨配备一个带软管的冲洗龙头。

（2）饰面设计选项。

　　①天花:结构板喷涂环氧漆。

　　②墙面:环氧树脂漆。

　　③地面:混凝土钢抹压光并密封。

6.11.2 垃圾回收间

（1）基本要求。

　　①应在装货/卸货区附近设置一间垃圾回收间。

　　②至少应提供一扇 900 mm(宽)×2100 mm(高)的门,并配置闭门器、防撞板和锁具。

　　③提供冲洗和地面排水设施。

　　④根据固定装置和设备的要求提供电源插座。

　　⑤提供破碎机、打包机等必要设备,并对再回收物进行妥善打包以便于搬运。

（2）饰面设计选项。

　　①天花。

　　　　a.石膏板刷环氧漆。

　　　　b.结构板喷涂环氧漆。

　　②墙面:环氧树脂漆。

　　③地面。

　　　　a.混凝土钢抹压光并密封。

　　　　b.踢脚线:瓷砖踢脚线。

6.11.3 洗罐间

(1) 基本要求。

　　①如有需要,在收货平台的垃圾压实机/集装箱附近设置一个洗罐间。

　　②洗罐间必须便于由厨房到达。

　　③洗罐间的四周隔断必须采用混凝土砌块结构。

　　④洗罐间的入口应安装 150 mm 高的混凝土挡水板。

　　⑤洗罐间至少应提供一扇 1100 mm(宽)×2040 mm(高)的门,并配置闭门器和防撞板。

　　⑥提供冷热水龙头、一个水龙管架和一根软管。

　　⑦在此区域封闭的一端设置一个地漏。

　　⑧所供热水的温度至少为 82 ℃。

　　⑨离地 1200 mm 处配置一个带接地故障保护的防水插座。

(2) 饰面设计选项。

　　①天花。

　　　　a.石膏板刷环氧漆。

　　　　b.结构板喷涂环氧漆。

　　②墙面:环氧树脂漆。

　　③地面。

　　　　a.混凝土钢抹压光并密封。

　　　　b.踢脚线:瓷砖踢脚线。

6.12　收货区

6.12.1 基本要求

(1) 必须为厨房、洗衣房等维护设备配备专门的收货区。

(2) 收货区必须至少有两个带遮护的装卸车位。其中一个车位用于服务车辆停靠,另外一个车位用于垃圾压实机/集装箱停靠。

(3) 两个货车装卸车位应配备一个液压式卸货台。

(4) 配备一个坡道通往装卸平台。

(5) 配备一个卸货平台,最低高度 900 mm,坡度不超过 1∶20。

(6) 收货区的位置必须易于货车到达,并且应尽量减少与人流线之间发生冲突。

(7) 收货区须位于人的视线之外。

(8) 在收货区的入口上方配备一台驱虫风扇。

(9) 收货区内安装一个带接地故障保护的防水型通用插座。

(10) 收货区应具有良好的照明。灯具必须采用防潮型灯具。

(11) 在收货区较低的一端设置一个排水沟,以防止污水外流。

(12) 在收货区附近设置一个带防冻功能的软管龙头用于冲洗。

6.12.2 饰面设计选项

（1）天花。

　　①石膏板乳胶漆。

　　②结构板喷涂环氧漆。

（2）墙面：环氧树脂漆。

（3）地面。

　　①混凝土钢抹压光并密封。

　　②踢脚线：瓷砖踢脚线。

6.12.3 门及锁具

（1）双扇门，配置带有保持门开启功能的闭门器和防撞板。

（2）宽度不小于 900 mm，高度不低于 2100 mm。

（3）采用钥匙锁。

■ 6.13　附属备餐间

6.13.1 基本要求

（1）备餐间必须由厨房顾问进行设计。

（2）如果备餐间与主厨房不在同一楼层，其位置必须便于到达服务电梯。

（3）备餐间内或者附近应设置一个清洁间。清洁间内必须设置一个带有感应水龙头的拖把池、一个置物架以及一个拖把与扫帚挂架。

（4）厨房设备必须安装在一面专用的设施墙上。此设施墙不能与宴会厅等的墙体通用。

（5）备餐间必须配置水槽和龙头。

（6）备餐间设置一个地漏，地面应坡向地漏。

（7）为手推车配备两个电源插座，采用单独回路供电，安装离地高度为 1350 mm。

（8）在入口门的附近安装一部壁挂式电话。

（9）在台面上方为小型电器至少配备两个电源插座。

（10）备餐间内至少应设置一台冰箱、一台制冰机、一台咖啡机和一台饮水机。

6.13.2 饰面设计选项

（1）天花。

　　①金属扣板。

　　②石膏板乳胶漆。

（2）墙面。

　　①瓷砖。

　　②环氧树脂漆。

　　③应采用易清洗墙面，并且符合当地法规要求。

　　④烹饪区和洗碗区的墙体必须采用砖石砌体、全高瓷砖或不锈钢结构。

（3）地面。

    ①地砖。

    ②踢脚线：瓷砖踢脚线。

6.13.3 门及锁具

（1）单扇门，配置带有保持门开启功能的闭门器和防撞板。

（2）宽度不小于 900 mm，高度不低于 2100 mm。

（3）采用钥匙锁。

■ 6.14 服务备餐间

6.14.1 基本要求

（1）每个服务备餐间至少应设置一台制冰机、备餐台底座、台面、水槽及龙头、小冰箱和洗杯机。咖啡机为可选项。

（2）应配备一台制冰机。制冰机应为水冷式，最小制冰能力为 80 kg/24 h，并具备排水操作按钮。

（3）如果配备咖啡机，则咖啡机必须具备多种类型的咖啡加热功能和热水分配器，并连接至直饮水管。

（4）制冰机下面设置一个地漏，地面应坡向地漏。

（5）每面墙应至少配备 1 个电源插座，并且插座间的中心距离不超过 6000 mm。

6.14.2 饰面设计选项

（1）天花：石膏板乳胶漆。

（2）墙面：乳胶漆。

（3）地面。

    ①石材。

    ②地砖。

    ③踢脚线。

      a. 石材踢脚线。

      b. 瓷砖踢脚线。

6.14.3 门及锁具

（1）单扇门，配置闭门器。

（2）宽度不小于 900 mm，高度不低于 2100 mm。

（3）采用钥匙锁。

6.14.4 照明

一般照明详见第 7.8.4 条。

6.15 保安区

6.15.1 基本要求

(1) 在收货/卸货平台和员工入口附近应设置一间保安部办公室,以便于这两个区域均在不间断的监控之下。

(2) 至少应配备一间 14 m² 的保安部办公室和一间 9 m² 的保安部总监办公室。

(3) 在某些情况下保安部会兼作考勤机构,此时可能要考虑额外的设备与储藏空间。

(4) 保安部应安装一扇玻璃可视窗,以便于监视收货/卸货平台和员工入口。

(5) 入口门尺寸至少应为 900 mm(宽)×2100 mm(高),配有玻璃可视窗和闭门器,并能自锁。

(6) 保安部必须配置一个带有窗锁和滑动窗的事务工作台。

(7) 配备至少满足一名工作人员使用的家具。

(8) 配备一个带锁的衣橱。

(9) 配备杂物储存柜和文件柜。

(10) 配备紧急电话分机和外线电话。

(11) 保安部办公室应配备以下设备(如果未设置保安部办公室,则安装在后场区)。

①报警显示屏(火灾报警系统和其他内部报警系统)。

②闭路电视监视器。

③闭路电视录像机。

④无线对讲系统基站和便携式对讲机多联充电器。

⑤每面墙应至少配备 1 个电源插座,并且插座间的中心距离不超过 6000 mm。

6.15.2 饰面设计选项

(1) 天花:石膏板乳胶漆。

(2) 墙面:乳胶漆。

(3) 地面。

①地砖。

②乙烯基复合地板。

③踢脚线。

a. 瓷砖踢脚线。

b. 木质踢脚线。

c. 乙烯基踢脚线。

7 技术标准

7.1 门窗

7.1.1 所有室内区域(除特殊专项空间外)门的最小高度为 2100 mm,最小宽度为 900 mm。

7.1.2 室外门必须有防风雨密封条以及适当类型的门槛。

7.1.3 向外开的室外金属门必须采用防水顶沿。

7.1.4 当使用金属门框时,必须对其进行焊接。不允许使用有装饰铆钉的可拆卸式门框。

7.1.5 所有门应配备门碰。

7.1.6 所有平开门必须配置把手。疏散通道上的防火门应采用单向推杆锁。

7.1.7 所有门均至少安装三个商用级的铰链。

7.1.8 所有强弱电间、楼梯间的门和五金件必须与其他功能房间的门的风格和饰面相匹配。

7.1.9 门锁应配置施工钥匙,且仅限于施工期间使用。施工钥匙必须在锁具安装完成后可以很方便地使其失效。

7.1.10 所有通往屋顶的安全出口(门或天窗)必须配置安全推杆或其他释放装置、锁具以及连接至保安部或话务员室进行监视的报警装置。如果这些门面向公共区域,则内侧必须贴有标识说明仅在紧急情况下使用。

7.1.11 室内窗台表面必须采用实心的材料,不允许采用塑料层压板等柔性材料。

7.1.12 窗户应采用标准双层透明玻璃,窗框应与建筑及其他窗饰协调。

7.1.13 设计温度低于 0 ℃或高于 28 ℃的地区,窗框必须进行隔热分段。

7.1.14 所有延伸到地面的玻璃幕墙、窗户、玻璃门、侧墙窗等必须采用防碎的强化玻璃,或者离地 900 mm 安装一根安全杆。

7.2 墙

7.2.1 墙面漆

(1) 所有区域必须采用低挥发性有机化合物、低气味的涂料(挥发性有机化合物(VOC)含量小于 50 g/L)。高湿度地区必须选用带有防真菌成分的缎面或哑光涂料。

(2) 在高强度接触区域必须采用缎面或蛋壳光涂料,并且应耐用、耐洗和耐污渍。

7.2.2 石材

所有石材均应经过填缝处理。

7.2.3 瓷砖

(1) 饰面砖应采用装饰性瓷砖,至少 10 mm 厚并带有精整的边缘。

(2) 任何区域都不允许采用旧面砖上覆盖新面砖的方式施工。在铺设新饰面砖之前必须将旧砖完全清除。

■ 7.3 地面

7.3.1 防滑要求

(1) 地砖的湿态摩擦系数必须符合标准 ASTM C1208 中的规定值 0.6 或更佳值,破坏强度必须符合标准 ASTM C648 中不小于 250 lbs 的要求或等效的 ISO 标准。

(2) 厨房地砖必须通过罗伯特车轮摩擦试验或者在美国以外符合 ISO 等效标准要求,并且湿态防滑阻尼系至少达到 0.6 或者符合当地法规要求。

7.3.2 地砖

(1) 地板必须采用装饰性防滑或未抛光的瓷砖,最小厚度为 8 mm。

(2) 瓷砖需要使用渗透密封剂。

(3) 任何区域都不允许采用旧瓷砖上覆盖新瓷砖的方式施工。在铺设新瓷砖之前必须将旧瓷砖完全清除。

(4) 墙脚不允许外露有非抛光边缘的切割地砖。

7.3.3 亚克力漆实木复合地板

(1) 必须至少有五层结构。

(2) 地板宽度不小于 75 mm。

(3) 至少有五年的商业质保期。

7.3.4 石材

(1) 石材必须是防滑或未抛光的。

(2) 所有天然多孔材料安装完成后必须进行防水密封处理。

(3) 石材必须采用水平仪测量直线度和平整度。

7.3.5 硬木地板

(1) 硬木地板必须采用实木或者面层为抛光硬木的复合地板。

(2) 地板的所有可见表面必须没有裂缝、虫害、白木、不规则边缘、朽节、松软或脆心、污损及其他缺陷。

(3) 地板必须选用品质一流的窑干实木材料。

(4) 私享区域地板实木层的最小厚度为 12 mm。

(5) 公共区域地板实木层的最小厚度为 19 mm。

(6) 不允许采用多层板或者复合结构中密度纤维板,比如刷漆表面或软木上木皮或中密度纤维板。

（7）地板完成面必须平整、光滑，且没有任何可见缺陷、起泡或缝隙。

（8）根据地板系统、制造商或专业顾问的意见配备地板垫板。木质层必须置于合格的基层之上。

（9）支撑板必须足够干燥，采用湿度计测试的实木表面的相对湿度不超过 75%。

7.3.6 地毯

地毯必须符合下列标准或当地政府要求。

（1）辐射板测试：BS EN ISO 9240。

（2）耐晒性能：BS EN ISO 105－B03。

（3）洗水色牢度：EN ISO 105－E02。

（4）摩擦色牢度：BS EN ISO 105－X12。

（5）耐磨性能：BS EN 1963。

（6）外观持久度：BS ISO 10361。

（7）绒头锚固度：BS 5229。

（8）燃烧性能。

　　①燃烧性能（甲胺片试验）：BS 6307 或 ISO 6925。

　　②辐射板测试：EN 9245。

（9）阻燃测试：BS 4790 或同等规范。

（10）静电/行走测试：BS ISO 6356。

（11）所有地毯的 TARR 评分（纹理外观保持等级）必须达到 2.5～3.0 或更佳（昆虫测试）。

（12）应通过国际测试认证。

7.4 天花

7.4.1 高度

任何情况下天花高度不得低于 2300 mm。

7.4.2 乳胶漆

（1）公共区域涂料天花必须具有光面和亮砂色的饰面效果。

（2）私享区域天花必须具有光滑的饰面效果。

（3）卫生间天花必须采用哑光乳胶漆。

（4）所有区域必须采用低挥发性有机化合物、低气味的涂料（挥发性有机化合物（VOC）含量小于 50 g/L）。

（5）高湿度区域如卫生间等必须采用易清洁涂料，并且具有表面防真菌能力。

（6）室内泳池的吊架系统必须采用喷涂铝质龙骨和塑料防潮天花板。所有吊架必须采用不锈钢。

7.4.3 金属扣板

厨房空间及食品储存区天花必须采用 600 mm×600 mm 易清洁的金属扣板，并且采用铝材悬挂系统。

■7.5 声学性能

7.5.1 项目前期噪声调查

(1) 在项目开始前,必须在项目所在地周围若干位置进行连续 24 h 的噪声量调查。

(2) 数据收集的目的在于以下几个方面。

①确定现有重大噪声源和振动源。

②确定私邸项目每个立面一天内不同时间段的噪声水平。

③估计项目施工过程中产生的振动水平。

④确定已存在的背景噪声水平(如果当地规范有相关要求)。

7.5.2 室外噪声入侵

(1) 私邸设计和施工必须保证包括通风设备在内的所有外部固定噪声源产生的噪声不超过表 7.1 所规定的室内噪声水平值。

表 7.1　室内噪声水平值

房　　间	室内噪声水平值
	正常工作状态
大厅/门厅/走道	42 dB($L_{\text{Aeq,5min}}$)
宴会(多功能)厅	32 dB($L_{\text{Aeq,5min}}$)
酒吧/餐厅/休息区	38 dB($L_{\text{Aeq,5min}}$)
起居室	35 dB($L_{\text{Aeq,5min}}$)
卧室区域 白天(07:00—23:00) 夜晚(23:00—次日07:00)	35 dB($L_{\text{Aeq,16h}}$) 30 dB($L_{\text{Aeq,16h}}$)/40 dB($L_{\text{Amax,fast}}$)
卫生间/更衣室	40 dB($L_{\text{Aeq,5min}}$)
健康及锻炼室	40 dB($L_{\text{Aeq,5min}}$)
SPA 区	38 dB($L_{\text{Aeq,5min}}$)
办公室	38 dB($L_{\text{Aeq,5min}}$)

(2) 噪声测量必须在先前噪声调查中确定的一天中噪声最大的两个小时进行。

(3) 设备安装和设计必须确保室内空气中传递的噪声不会超过以上标准值。

7.5.3 内部隔声

(1) 邻近区域的水平和垂直内部隔声,包括通过风管和竖井造成的声音窜扰,必须满足相应规范及标准规定的最低性能要求。

(2) 空气隔声和隔振的性能目标值应采用现场实测数据。必须采用事先确定的方案,并证明隔声性能。

(3) 空气隔声目标值是试验室测试隔声值(即 R_w 或 STC 值),应当比现场实测数据高 5 dB 以上(砖石砌体)或 10 dB 以上(轻质隔墙)。

（4）必须将所有侧面因素纳入考虑，如外墙和天花板空隙，以及一些有可能破坏整体隔声效果的连接位置等细节。

（5）卧室和卫生间之间主要考虑门的隔声性能。但隔墙的隔声性能必须达到 R_w/STC 45 dB。

（6）如果房间要求增强屏蔽由门厅或走廊传来的噪声，则门和门框设计必须通过相关试验室认证（应提交完整的支持文件供业主和项目管理方委派的管理团队进行审核），并满足以下最低性能要求（表 7.2）。

表 7.2　房间门隔声最低性能要求

房　间	门的 R_w 或 STC
	满负荷工作等级
宴会（多功能）厅入口	35 dB
起居室	30 dB
房间入口（在电梯门厅 5000 mm 内）	32 dB
办公室	30 dB

（7）玻璃移门的隔声性能必须满足相邻房间的噪声敏感度要求，并且根据项目不同进行明确规定。除非另有说明，玻璃移门隔声等级必须达到 R_w/STC30 dB，并且应按照生产商的标准进行安装，以最大限度提高现场隔声性能。

7.5.4　内部噪声源

（1）建筑设备（包括设备机房）在有人房间内产生的空气与结构传递噪声不能超过表 7.3 中所规定的值。

表 7.3　建筑设备在有人房间内产生的空气与结构传递噪声限值

房　间	外部入侵噪声水平 L_eq
	满负荷工作等级
入户门厅/大厅/走道	NR40
宴会（多功能）厅	NR30
酒吧/餐厅/休息区	NR35
公共卫生间	NR40
起居室	NR35
卧室	NR25
卫生间	NR35
员工卫生间/更衣室	NR45
健康及锻炼室	NR40
SPA 区	NR35
办公室	NR35
后场/服务区	NR40～45

（2）雨污水管和其他管道穿越房间时，必须进行降噪处理，并保证将管道的最大泄漏噪声水平控制得比对应的建筑设备噪声水平至少低 5 dB。

垂直电梯/升降机以及电梯井道设计，必须保证与之相关的任何部分（包括开关门操作）产生的噪声不超过表 7.4 所列的数值。

表 7.4　垂直电梯/升降机及电梯井道等设备产生的噪声限值

房　　间	电梯轿厢噪声 $L_{\mathrm{Amax, fast}}$
宴会（多功能）厅	30 dB
酒吧/餐厅	35 dB
起居室	30 dB
卧室	25 dB
办公室	40 dB
电梯厅	50 dB

7.5.5 混响噪声控制

其他区域的饰面设计和安装，必须保证在通常情况下有客人入住或员工工作的位置不超过表 7.5 所列的混响时间。混响时间按照 500 Hz 至 2000 Hz 范围内倍频程算术平均值考虑。

表 7.5　混响时间限值

房　　间	最大混响时间/s
大厅/门厅	1.5
宴会（多功能）厅	0.8
酒吧/餐厅	1.0
起居室	0.8
SPA 区	1.0

7.5.6 振动/结构传递噪声

（1）所有设备（安装在设备机房或有人房间）、电梯、电梯电机和风管/管道系统等必须与建筑结构进行隔离，以保证按照 ISO 2631—2 进行测量和评估时，在所有有人房间的任何方向上（垂直或水平）地板振动控制在不超过 0.05～2 ms 的水平。

（2）更多指导性信息参见 BS 6472—1 或 ANSI S2.71。

7.5.7 特殊情况

（1）轻型或玻璃屋面的降雨噪声设计必须满足在降雨强度 40 mm/h 时不得超过表 7.6 所列水平，并应对照希尔顿全球配备的相关计算书进行符合性验证。

表 7.6　降雨噪声水平

房　　间	降雨噪声水平 L_{eq}
大厅/门厅/走道	NR50
酒吧/餐厅	NR50
卧室及卫生间	NR40

续表

房　　间	降雨噪声水平 L_{eq}
会议室	NR45
办公室	NR45

（2）对于经常发生以上类型或更严重降雨的地区,采用更严格的标准。

（3）如果私邸建造于潜在地面传递噪声源之上或两者毗邻,比如道路中有大量重型货物运输工具及地面/地下铁路,噪声源传递到有人房间的振动和/或再辐射噪声水平不能超过表7.7所规定的值。

表7.7　地板有感振动及再辐射噪声限值

房　　间	地板有感振动,振动剂量值 $(m/s^{1.75})$,x 轴、y 轴或 z 轴	再辐射噪声,$L_{Amax,fast}$ 满负荷工作
大厅/门厅/走道	0.2～0.4（07.00～23.00 h）	40 dB
酒吧/餐厅	0.2～0.4（07.00～23.00 h）	40dB
卧室及卫生间	0.2～0.4（07.00～23.00 h） 0.1～0.2（23.00～07.00 h）	35 dB
会议室	0.2～0.4（07.00～23.00 h）	35 dB
办公室	0.4～0.8（07.00～23.00 h）	50 dB

7.5.8 隔声矩阵

下列矩阵（表7.8）中列出了邻近区域（隔墙和地板）之间现场空气隔声要求（$R_w^{③}$/STC[④],dB）。施工完成后必须进行现场性能测试。

表7.8　邻近区域之间现场空气隔声要求

	房间	设备间/储藏间	无门走道	餐厅/酒吧/娱乐室	宴会（多功能）厅	会议室	书房	健身/SPA区	办公室	卫生间/更衣室	厨房/洗衣房
房间	55 dB	60 dB	60 dB	60 dB	60 dB	60 dB	60 dB	60 dB	60 dB	60 dB	65 dB
设备间/储藏间			45 dB	45 dB	45 dB	50 dB	50 dB	45 dB	50 dB	45 dB	40 dB
无门走道				45 dB	45 dB	45 dB	45 dB	45 dB	45 dB	45 dB	50 dB
餐厅/酒吧/娱乐室					40 dB	45 dB	55 dB	55 dB	45 dB	50 dB	45 dB	50 dB
宴会（多功能）厅						55 dB	55 dB	55 dB	45 dB	55 dB	45 dB	50 dB
会议室							50 dB	50 dB	50 dB	50 dB	50 dB	55 dB
书房								50 dB	50 dB	50 dB	50 dB	55 dB

续表

	房间	设备间/储藏间	无门走道	餐厅/酒吧/娱乐室	宴会（多功能）厅	会议室	书房	健身/SPA区	办公室	卫生间/更衣室	厨房/洗衣房
健身/SPA区									50 dB	45 dB	55 dB
办公室									45 dB	50 dB	55 dB
卫生间/更衣室										40 dB	45 dB
厨房/洗衣房										40 dB	45 dB

注：①适用于固定隔断。活动隔断的最低隔声等级必须为 3 dB 以下。

②基于方便进出和卫生考虑，厨房的门不能安装隔声密封装置。墙上如果开门，则墙体隔声等级至少应达到 R_w 40 dB。

③根据 BS EN ISO 140—4 和 BS EN ISO 717－1 测量表面计权隔声量。

④根据 ASTM E 90 和 ASTM E413 测量表面隔声等级。

7.6 暖通系统

7.6.1 室外设计条件

供应商可以根据设计规范或手册上的当地历史气象数据进行取值计算，但考虑到近年全球气候变暖，应复核最近十年的环境温度和湿度，对历史气象数据进行修正，以反映最近的气象趋势。

7.6.2 室内空调设计条件（表 7.9）

表 7.9 室内空调设计条件

区 域	夏 季		冬 季		噪声/dB(A)
	温度/℃	湿度/(%)	温度/℃	湿度/(%)	
入户门厅/大厅/电梯厅/走道	23	55	22	>35	40
会客厅/休闲厅	23	55	22	>35	40
宴会（多功能）厅	23	55	22	>35	40
餐厅/生活厅厨	23	55	22	>35	40
卧室/起居室	23	55	22	>35	35
书房/画室	23	55	22	>35	40
衣帽间	23	55	22	>35	40
影音室/卡拉OK室	23	55	22	>35	40
健身房	23	55	22	>35	45
SPA区/按摩房/游泳池	25	55	27	>35	40

续表

区　域	夏　季		冬　季		噪声/
	温度/℃	湿度/（%）	温度/℃	湿度/（%）	dB（A）
酒吧	23	55	22	＞35	40
雪茄吧	23	55	22	＞35	40
娱乐空间	23	55	22	＞35	40
服务人员房	23	55	22	＞35	35
卫生间	25	—	20	—	45
厨房	27	—	20	—	60
洗衣房	27	—	20	—	60

7.6.3 室内房间新风量及排风量（表7.10）

表7.10　室内房间新风量及排风量

区　域	新风量/（m³/h）	排风量/（m³/h）	备　注
卧室/起居室	120	—	
卫生间	—	100	
会客厅	400	—	如本层有卧室或餐厅,可折减
休闲厅	160	—	
餐厅/生活厅厨	400	—	如本层有卧室或客厅,可折减
书房/画室	120	100	
衣帽间	60	—	
影音室/卡拉OK室	200	100	或按每人40 m³/h
健身房	120	100	
SPA区/按摩房/游泳池	120	—	或按每人40 m³/h
酒吧	120	—	或按每人40 m³/h
娱乐空间/雪茄吧	100	120	或按3～4次/h负压换气,选用烟雾净化器
洗衣房	—	100	若为室外空间,可不设排风
鞋柜	—	100	
储藏室	—	100	或按3～4次/h负压换气

7.6.4 空调系统

选择原则:通常选用直流变频多联空调机组,对于靠近江、河、湖、海并且年径流量保持恒定的区域可考虑采用水源热泵机组;允许南方私邸项目采用风冷热泵或空气源热泵机组。

（1）主设备要求。

①采用直流变频多联机组。

②采用全封闭旋转/涡旋式压缩机。

③1台机组无法满足要求时,可以采用2～3台机组并联运行。

④冷媒冷却,制冷剂采用 R410A。

⑤为冷暖两用型机组。

⑥标准工况下机组制冷系数 COP 不低于 3.3。

⑦设备全年能源消耗效率 APF 值不低于 4.3。

⑧制冷综合部分负荷性能系数 IPLV 达到 1 级。

⑨室外防护等级达到 IP55。

⑩机组应能在当地极端天气下保持正常的运行效率。

⑪极寒地区应采用专用的低温制热无衰减机组。

⑫对于同一时刻不同功能区分别需要制冷和采暖的,应采用专门的冷暖同步运行机型。

(2) 配置要求。

①每个功能区独立设置室内机组,卫生间和厨房也可以根据需要设置。

②户内公共走道、楼梯、走入式衣柜、厨房、卫生间等,应将其面积的一半折算入户内空调面积,由邻近功能区的空调室内机承担其负荷。

③室内机、室外机最大连接率不超过 130%。

④室内机采用超薄静音温湿平衡型风管机(工人房可采用壁挂机)。

⑤风管式室内机高度应不大于 250 mm,室内机翅片做防霉处理。

⑥卧室采用温湿度控制室内机,室内机制冷功率不大于 7.1 kW,可以做到除湿不降温,具有贴心睡眠模式。

⑦卧室、书房、休闲厅、视听室等小空间区域的室内机应采用智能型,根据人的位置和地面的温度,自动选择送风角度和风量。

⑧客厅、餐厅、社交厨房等大空间区域的室内机考虑聚会功能要求,采用智能 3D 新风 $PM_{2.5}$ 净化型室内机。

⑨室外机噪声小于 62 dB(A),具有夜间静音运转模式,卧室室内机噪声在最小风量下小于 26 dB(A),其他室内机噪声小于 32 dB(A)。

⑩室内机的选择须按照机组在中速运行时的供冷/供热能力来确定。

⑪采用顶送顶回或侧送下回的送风气流组织形式;采用顶送顶回时,送、回风口的距离应保持在 1500 mm 以上。

⑫必须根据风管接驳的实际情况复核及计算风压损耗,以确定最终选型。

⑬冷媒管的最大配管长度和高差应符合厂家的产品标准。

(3) 控制要求。

①采用液晶屏幕有线温度控制面板,每层集中放置于储藏室等隐蔽的区域,卧室、书房等另配置无线遥控器。所有室内机都可通过智能家居控制设备进行控制,控制系统协议应采用 Mod-Bus/BACnet/Lonwork 通信协议。

②停电后再启动,可自动恢复断电前的运转模式。

③温控器配备定时、通风、空调、采暖、温度设定及速度选择开关,具有自动除霜功能。

④具有 12 小时预设时间开/关功能。

⑤机组具有自动故障监测及信号显示设备。

⑥机组具有过滤网清洗提示灯。

(4) 安装要求。

①空调室外主机不应与卧室、书房、客厅相邻,不得占用业主的生活阳台,避免机组运行噪声和废热对业主生活环境造成影响。

②空调室外主机的四周应通风良好,其四周与墙壁的最小距离应满足机组散热和检修的要求。

③上排风型空调室外机应保持正上方 5000 mm 内无遮挡物,翅片侧 1000 mm 内无遮挡物。

④放置空调室外主机的设备阳台或机位须通透,机组的进排风处如设置通风百叶,百叶的透风率应大于 85%,且应采用可拆卸百叶;选用上排风的空调外机时,应根据厂家要求设置导流弯管。

⑤送、回风口和风管的连接应安装到位,不允许采用吊顶间接回风,如风管无法连接到风口,可将风管与风口使用帆布或其他软管连接并密封。

⑥每台空调室内机接管侧的下方吊顶上都应设置检修口,检修口可单独设置或利用回风口设置。单独设置时尺寸不小于 400 mm×400 mm,利用回风口设置时要求回风口宽度不小于 300 mm。

⑦室内机排水尽量找坡,无法满足要求时,应配置冷凝水提升泵。

(5) 测试要求。

①所有设备或系统在进行测试或试运行前,应彻底检查,确保有关设备或系统已经清洗干净,所有设备已按照厂家指示进行妥善的安装、润滑和维护。

②对空调系统的温度、噪声、风速、送风量及电流、电压进行测量,要求测量数据与设计数据相比误差不超过 10%。

(6) 规范。

①《多联式空调(热泵)机组能效限定值及能源效率等级》(GB 21454—2008)。

②《多联机空调系统工程技术规程》(JGJ 174—2010)。

③《民用建筑供暖通风与空气调节设计规范　附条文说明[另册]》(GB 50736—2012)。

④《建筑给水排水及采暖工程施工质量验收规范》(GB 50242—2002)。

⑤《通风与空调工程施工质量验收规范》(GB 50243—2016)。

7.6.5 采暖系统

(1) 主设备要求。

①采用原装进口燃气采暖冷凝炉及恒温储水罐。

②配备冷凝炉选型计算书、采暖和生活热水水泵选型计算书、系统图、所有楼层的盘管图纸、节点大样图及完整的施工图等。

③至少设置 2 台冷凝炉,可并联运行,每台冷凝炉对应配置 1 台热水储水罐。

④冷凝炉的供热功率和内置水泵参数(流量、扬程等)的选择须与地板采暖系统的设计相

匹配。

⑤与储水罐配合供应生活热水,提供豪华型的采暖和生活热水解决方案。

⑥可显示系统运行状态、调节指令及故障信息。

⑦须配置原厂的排烟管道,长度须满足安装要求。

⑧设备应能在当地极端温度下正常运行。

(2)供暖系统要求。

①所有区域采用低温热水地板辐射采暖。

②根据业主需要的安装地板辐射供暖系统的区域面积和相应的热负荷进行详细的设计,并检验及核算热负荷是否足够。

③加热管内的热媒流速不应小于 0.25 m/s,供回水阀门以后(含阀门、加热管和分集水装置等构件)的系统阻力应进行计算,且不应大于 30 kPa。

④壁挂炉水泵扬程不能满足末端阻力要求时,应增设增压泵。

⑤分集水器采用铜制一体压铸成型设备,配备排气阀和泄水阀,干管直径应大于总供回水管径的 1.5 倍,支路数量不大于 8,分水器必须带流量调节装置,集水器可安装电热驱动器。

⑥同一分集水装置系统各分支路的加热管长度应尽量接近,最长不超过 90 m。

⑦加热管的间距不宜大于 150 mm,除非有相关计算书证明加大间距可以满足室内环境设计要求。

⑧每个房间独立分区,单独控制温度。

⑨社交型开放厨房也须设置地暖。

(3)安全要求。

①配有超温保护装置及超温感应排气阀,所有开关及阀门应于厂内进行制造,并须具备试验证明文件。

②采暖供回水双温感同时检测供回水温度及温差,并且有过热保护、防止干烧的功能。

③须有自动防冻装置,以防止积水结冰膨胀造成壁挂炉损坏。

④壁挂炉及热水管道应能承受不低于 0.6 MPa 的工作压力。

(4)控制要求。

①采用液晶屏幕有线温度控制面板,具有时间控制、一周编程运行功能,内置度假、经济运行等设定程序。面板设置在储藏室等隐蔽的位置。

②停电后再启动,可自动恢复断电前的运转模式。

③所有线控器系统协议应采用 Mod-Bus/BACnet/Lonwork 通信协议,并能开放协议给智能家居集成。

(5)安装调试要求。

①壁挂炉到分集水器的主管道采用进口 PPR 管,若管径小于 32 mm,采用进口 PE-X 管道。

②加热管采用 PE-Xa 管或 PE-Xc 管。

③保温板采用难燃 B1 级 XPS 板,容重不小于 30 kg/m^3。

④楼板上部和地板加热管之下,以及辐射供暖地板沿外墙的周边,应铺设绝热保温层。

⑤加热管要求用扎带固定在铺设于绝热保温层的钢丝网格上,采暖管道采用湿式安装。

⑥采暖管道、分集水器、保温苯板、铝箔反射膜及相应安装辅材由采暖供应商配备和安装,混凝土填充层由其他单位负责。

⑦在混凝土填充层浇捣及养护过程中,加热管系统同时进行加压并分别保持不小于 0.6 MPa 及 0.4 MPa 的压力。

⑧在浇捣混凝土填充层前,必须进行包括供、回水管道及加热管道在内的系统冲洗工作。

⑨分集水器设置应与装修单位协调,优先顺序为卫生间、厨房、储物间、工人房、衣帽间等房间的隐蔽处,或内嵌于墙体内,设置位置应高于地板加热管的位置。

⑩分集水器位于阳台等室外空间时,其箱体检修门内侧应设置保温材料。

⑪当辐射供暖地板面积超过 30 m^2 或长边超过 6000 mm 时,须按照规范在填充层预留伸缩缝(节),并在缝中填充弹性膨胀材料。伸缩缝的间距不能大于 6000 mm,宽度不能小于 8 mm。

⑫须在填充层与墙及柱的交接处,配备填充厚度不小于 10 mm 的软质闭孔泡沫塑料,且填充高度应高出地面完成面 20 mm。

⑬加热管不宜穿越填充层的伸缩缝,必须穿越时,伸缩缝处应设置长度不小于 200 mm 的柔性套管。

⑭在浇捣混凝土填充层之前及混凝土填充层养护期满之后,应分别进行系统水压试验,试压时间为 6 h,最初 2 h 不容许泄漏,6 h 后,若压力降不超过 5% 为合格。测试压力应为 1.5 倍工作压力且不小于 0.6 MPa。

（6）相关规范。

①《燃气采暖热水炉》(GB 25034—2010)。

②《家用和类似用途电器的安全　第 1 部分:通用要求》(GB 4706.1—2005)。

③《家用燃气快速热水器和燃气采暖热水炉能效限定值及能效等级》(GB 20665—2015)。

④《辐射供暖供冷技术规程》(JGJ 142—2012)。

7.6.6 新风换气系统

（1）主设备要求。

①采用全热交换器。

②新风量满足设计要求,平均每人 50 m^3/h,同一楼层有卧室、客厅、餐厅等不同的功能区时,总新风量可以适当折减。

③送风过滤级别不低于 H11(去除 $PM_{2.5}$);排风效率达到中效以上;全热回收效率不低于 80%。

④对 $PM_{2.5}$ 的过滤效率达到 95% 以上。

⑤对粒径不小于 0.5 μm 的颗粒的过滤效率达到 90% 以上。

（2）要求采用有管道式送风,每个房间设送风口,回风口可集中设置。

　　①风口设置风量调节阀,风量可自动调节。

　　②送风量高于排风量10%,保持室内正压环境,避免脏空气和污染从门缝进入。

（3）控制要求。

　　①配置液晶屏幕有线控制面板,能显示运转状态、温湿度、$PM_{2.5}$值,能设定风量大小、定时开关。

　　②线控器系统协议应采用Mod-Bus/BACnet/Lonwork通信协议,并能开放协议给智能家居集成。

　　③可自由切换全热交换模式和旁通模式。

　　④具备单送风功能。

（4）安装。

　　①主机最好设置于储藏室、生活阳台等便于清洗过滤网及检修的位置。

　　②新风管采用PVC管,高度空间不足的项目考虑采用地面送风。

　　③管道接口密封性良好,不漏风。

　　④室外排风口、回风口有防虫网。

7.6.7　卫生间排风

（1）主设备要求。

一般卫生间采用浴室专用空调,集冷风、暖风、排风、干燥、换气、照明功能于一体;保姆房卫生间采用卫浴暖风机,集自然风、暖风、排风、干燥、换气、照明功能于一体。

（2）配置要求。

　　①暖风可长距离吹到脚,可设置多种温度。

　　②暖风机有凉风（自然风）模式。

　　③有排气模式。

　　④有干燥模式,可烘干衣物。

（3）控制要求。

　　①多功能有线遥控器。

　　②可设置定时开机关机时间。

　　③有滤网清洗指示灯。

（4）安全要求。

　　①暖风机有防过热的热敏电阻和保险丝。

　　②当浴室温度超过设定温度时,可立刻停止加热。

　　③暖风机加热器外罩采用难燃或不燃材料。

　　④暖风机设备机身采用阻燃材料,耐高温。

7.6.8　其他配置

（1）厨房专用空调。

　　①有制冷、制热、干燥防霉模式,并集成LED灯。

　　②可设定温度、风量、风向,定时开关机。

③设备面板采用抗油污材料制作。

④采用高耐油污防霉滤网。

（2）衣帽间专用空调。

①有制冷、制热、除湿模式，并集成 LED 灯。

②可设定温度、风量、风向，定时开关机。

③可根据室内湿度自动开启除湿模式。

（3）光催化装置。

在客厅、棋牌室设置光催化装置，空调室内机风管内加紫外线灯管，以达到除甲醛和杀菌的目的。

（4）洗衣房排风。

在封闭的洗衣房设置排风机抽风，排除异味。

（5）储藏室。

设置排风和新风设施。

（6）衣帽间。

设置排风设施。

（7）鞋柜。

鞋柜后部空间预留排风夹层，设置管道风机排风，并配备时间控制器，出风口百叶设防虫网。

7.6.9 管材

（1）冷媒管。

紫铜管。

（2）风管。

①采用镀锌钢板。

②小管径新风管、排风管采用 PVC 管。

（3）冷媒管保温。

橡塑保温。

（4）风管保温。

橡塑保温。

（5）风口。

①ABS 管。

②装饰指定。

（6）地暖主管。

①PPR 管。

②DN＜32 mm 用 PE-Xa 管或 PE-Xc 管。

（7）地暖加热管。

①PE-Xa 管。

②PE-Xc 管。

7.6.10 噪声控制

（1）有关机组运作时依照美国制冷协会发布的标准 ARI 575 进行测试，所得的八倍频程噪声资料作为噪声计算的依据，计算有关机组于正常运行时所产生的噪声，以进一步确定所选取的机组于运行时所产生的噪声不超过当地环保部门所制定的噪声标准。

（2）空调风管最大风速见表 7.11。

表 7.11 空调风管最大风速

位　　置	功能区噪声标准/dB(A)	最大风速/(m/s)
出风口喉管	50	3.2
	45	2.8
	40	2.5
	35	2.2
回风口喉管	50	3.8
	45	3.4
	40	3.0
	35	2.5
主风管	50	7
	45	6
	40	5
	35	4

7.7 给排水系统

7.7.1 冷水供应

（1）给水。

①水源：首选市政直供，市政水压不足时采用二次增压供水。

②水质：达到华尔道夫酒店设计标准。

③水压：最不利端水点水压不小于 0.2 MPa，水压大于 0.35 MPa 设置减压阀。

④给水管流速不应大于 1.0 m/s。

（2）净水。

①在水表后取水做水质检测，根据水质检测报告确定相应的净水方案。

②前置过滤器：除杂质。处理精度为 5 μm。

③中央净水机：除氯、除重金属、添加矿物质，采用活性炭、KDF、麦饭石、超滤等方式。

④软水机：降低水硬度，采用高效软水树脂。处理效果：$CaCO_3$ 浓度小于 50 mg/L。

⑤直饮水：RO 膜（反渗透）处理。处理精度达 10 nm。

⑥热饮机：厨房、主卫、客厅水吧设置。

⑦超滤：超滤膜。处理精度达 0.01 μm。

⑧微滤：微滤膜。处理精度达 0.1 μm。

⑨进行全屋净水系统配置设计,详见图 7.1。

(3) 其他给水。

①车库配置给水点。

②庭院配置绿化浇灌给水点。

③可上人屋面配置给水点。

④冰箱(制冰)处配置给水点。

⑤水景、泳池布置给水点。

(4) 安装与调试。

①室内给水管道敷设在吊顶内,不宜埋地敷设。

②给水管道应采用橡塑保温,厚度 20 mm,以防止结露。

③给水系统的管道和设备应做冲洗及水压试验,试验压力均为工作压力的 1.5 倍,但不得小于 0.6 MPa。

④对净水和泳池水进行取样,送专业检测机构进行水质检测,并配备检测报告。

⑤全屋净水系统示意图,见图 7.1。

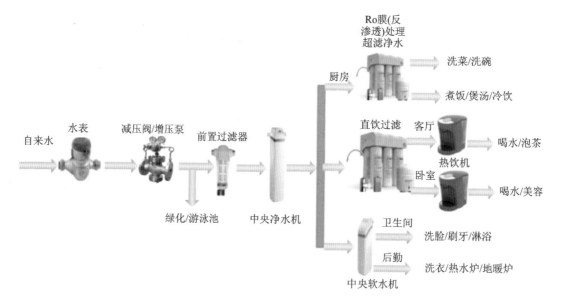

图 7.1　全屋净水系统示意图

7.7.2 热水供应

(1) 热源。

①采用燃气采暖冷凝炉及储热水罐。

②生活热水与低温热水地板采暖共用供热设备(冷凝炉)的热水系统,具有生活热水优先模式。

③冷凝炉的热效率能达到国家一级能效标准。配备冷凝炉和储水罐的选型计算书,可供 75% 以上卧室卫生间淋浴和一个厨房热水龙头同时使用。计算热量时应明确花洒流量。

④燃气采暖冷凝炉技术要求详见地暖相关章节。

（2）配置标准。

①采暖、生活热水应分别设定温度。生活热水温度宜为 50～60 ℃，地板采暖热水温度宜为 45～55 ℃。

②为了提高生活热水系统的舒适性，设置热水回水循环，保证末端热水出水时间不超过 3 s。

③设 2 台热水循环水泵，24 小时交替运行，互为备用。循环水泵应依据泵前回水管的温度控制开停。

④主卧和客厅卫生间的热水龙头（包含淋浴）应采用恒温龙头，可设定和调节温度。

⑤储水罐内胆采用搪瓷材质，有效容积不小于 500 L，按不小于 80 L/人计算及选型，人数取常住人口数量。

⑥储水罐原则上不少于 2 台，分别与采暖炉对应设计，入住人口较少时，只运行 1 台储水罐，另一台放空，以避免存水滋生细菌。

（3）安装与调试。

①热水系统安装完毕后，在管道保温之前进行水压试验，管道试验压力应为系统最高点工作压力加上 0.1 MPa，同时系统最高点的试验压力不小于 0.3 MPa。

②热水系统在试压完成后，必须进行冲洗工作。

③热水管采用橡塑保温，保温厚度为 20 mm。

④末端热水龙头到热水循环管支管的距离不超过 2500 mm。

⑤生活热水与低温热水地板采暖共用系统循环原理图，如图 7.2 所示。

7.7.3 排水系统

（1）系统选择。

排水系统采用雨、污、废分流制。

（2）污、废水。

①住宅厨房和卫生间的排水立管应分别设置。

②厨房应采用同层排水，并设置双密封地漏，立管独立设置，不接入其他排水立管。

③坐便器污水水管管径为 DN100。坑距根据选用的坐便器型号结合精装修要求确定，可按距精装修完成面 350 mm 初定坑距。

④洁具和地漏应设置存水弯，水封厚度不小于 50 mm。

⑤洗衣机设置在工作阳台，洗衣机单独设置带插口的洗衣机专用地漏。洗衣机地漏不得设置在洗衣机下，应放置在洗衣机出水口一侧，排水软管放置在不易被人碰到的地方。洗衣机地漏和生活阳台地漏不准接入厨房排水立管。

⑥浴缸设置双地漏，其中 1 个地漏可排出浴缸下方（地面上）的渗漏散水。

⑦淋浴房设置地漏，地漏及排水管直径为 DN75。

⑧降板的卫生间，沉箱应设置排水地漏；沉箱地漏采用 DN50 侧出地漏，不设存水弯。

⑨给水管井道设置排水地漏。

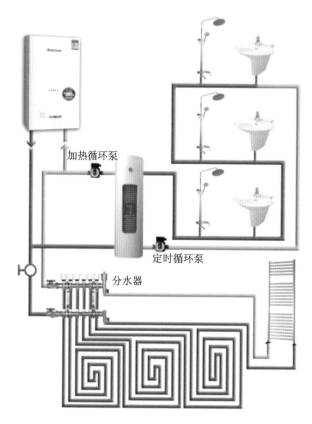

图 7.2　生活热水与低温热水地板采暖共用系统循环原理图

⑩台盆存水弯同层设置(不得重复设置存水弯)。

⑪为采暖冷凝炉冷凝水管设置地漏。

⑫设置在管井中的排水管,在井壁上应预留检修口(应明确楼层、位置等要求,以便于建筑和装修设计师协调统一)。

⑬通气立管不得接入器具的污水、废水和雨水,不得与风道和烟道相通。

(3)雨水。

①屋面雨水采用重力排放,雨水经立管收集引至室外雨水系统。

②阳台、露台雨水排水立管应与天面雨水排水立管分开设置。

③雨水立管应隐蔽设置,设置在阳台包柱中。

(4)空调冷凝水管。

空调冷凝水采用间接排水,不得直接接入雨污水系统,不得在外墙散水台阶、天井、露台等处散排,但允许散排在绿地和花池中。

(5)安装与调试。

①排水主立管及水平干管管道均应做通球试验,通球球径不小于排水管道管径的2/3,通球率必须达到100%。

②管道系统和设备(含洁具)应做灌水试验。

7.7.4 相关规范

（1）设计规范。

　①《建筑给水排水设计规范》(GB 50015—2003)。

　②《住宅设计规范》(GB 50096—2011)。

（2）验收规范。

　①《建筑给水排水及采暖工程施工质量验收规范》(GB 50242—2002)。

　②《住宅室内装饰装修工程质量验收规范》(JGJ/T 304—2013)。

（3）其他规范。

　①《家用和类似用途饮用水处理内芯》(GB/T 30306—2013)。

　②《家用和类似用途饮用水处理装置》(GB/T 30307—2013)。

7.7.5 管材

（1）给水管。

　①生活给水管、热水管、热水回水管采用 PPR 管，热熔连接；对有特殊要求的，可采用建筑薄壁不锈钢管，卡压（双卡压）、氩弧焊连接。

　②埋地给水管采用球墨铸铁管。

（2）净水管。

主管道采用 PPR 管，热熔连接。

（3）排水管。

　①室内污水、废水管采用柔性接口机制排水铸铁管。

　②室外埋地排水管采用 HDPE 双壁波纹管。

　③压力排水管采用涂塑钢管。

7.7.6 水质标准要求

水质标准要求，见表 7.12。

表 7.12　水质标准要求

参　数	世界卫生组织标准	中国国家标准	方黄企业标准（华尔道夫酒店标准）
温度/℃		10～15	10～15
酸碱度(pH)	6.5～9.2	6.5～8.5	6.5～8.5
氯化物/(mg/L)	250	<50	<50
硫酸盐/(mg/L)	200	<250	<200
硬度(以 $CaCO_3$ 计)/(mg/L)		<450	<150
钠/(mg/L)	250	<200	<200
铝/(mg/L)		<0.2	<0.2
总溶解固体(TDS)/(mg/L)	1000	<1000	<1000
硝酸盐/(mg/L)	45	<10	<10

续表

参　数	世界卫生组织标准	中国国家标准	方黄企业标准（华尔道夫酒店标准）
苯酚/(mg/L)	0.001	0.002	≤0.001
滴滴涕/(mg/L)		0.001	≤0.001
铁/(mg/L)	0.3	0.3	≤0.3
锰/(mg/L)	0.05	0.1	≤0.1
铜/(mg/L)	0.05	1.0	≤0.05
锌/(mg/L)	5.0	1.0	≤1.0
铅/(mg/L)	0.5	0.01	≤0.01
镉/(mg/L)	0.01	0.005	≤0.005
铬/(mg/L)		0.05	≤0.05
汞/(mg/L)	0.001	0.001	≤0.001
砷/(mg/L)	0.01	0.01	≤0.01
氰化物/(mg/L)	0.01	0.05	≤0.01
镍/(mg/L)		0.02	≤0.02
氟化物/(mg/L)	1.5	1.0	≤1.0
银/(mg/L)		0.05	≤0.05

7.8　强电系统标准

7.8.1 强电设计要求

（1）设计图纸。

照明配电平面图、插座动力配电平面图、配电系统图。

（2）总配电箱。

总配电箱内设潜水泵、车库电动卷帘门、入户电动门（若有）、花园设备、游泳池设备、照明、插座用电控制设施，并预留备用回路。

（3）分配电箱设置。

①每层设置分配电箱。

②总配电箱除配电至其他楼层分配电箱外还用于所在楼层照明、插座、空调等的配电。

③分配电箱外壳防护等级应达到 IP44。

④分配电箱应预留 2 个单相 16 A 断路器作为备用（其中 1 个应带 30 mA 漏电保护装置）。

⑤总配电箱应预留 3 个单相 16 A、1 个三相 16 A 断路器作为备用（其中 1 个单相 16 A 断路器应带 30 mA 漏电保护装置）。

⑥总配电箱和楼层分配电箱集中设置于楼梯间内。

（4）配电回路设置。

  ①照明、厨房插座、空调插座、普通插座等采用单独回路供电。

  ②花园用电采用单独回路供电，并应设 30 mA 漏电保护装置。

  ③机械停车电源预留：每个本层停车位的 1 台平移电机按 1.5 kW 配电，每个上层停车位的 1 台提升电机按 1.5 kW 配电。

  ④为汽车库预留电动汽车充电桩电源(7 kW)，另外应预留 2 个底边距地 300 mm 的电瓶车充电用电源插座。

  ⑤健身房跑步机电源按 3 kW/台预留，应用 16 A 插座，且每台跑步机采用单独回路配电。

  ⑥SPA 区应设置按摩床、毛巾加热器电源插座，插座面板应配备 110 V 和 220 V 两用电源，以满足不同国家生产的 SPA 设备对电源电压的要求。

  ⑦干蒸室桑拿炉和湿蒸室蒸汽炉分别按 9 kW 配电。

  ⑧游泳池设备机房应设置独立配电箱，电源引自总配电箱。

  ⑨VRV 等空调多联机内机按每层且不超过 5 台为 1 个回路供电。

  ⑩所有插座回路和卫生间回路均应设剩余电流保护装置(电子式)。

  ⑪照明、普通插座、单个挂壁空调插座、跑步机插座采用 2.5 mm² 电线。

  ⑫其他配电回路电线截面根据设备实际功率确定，但不应小于 2.5 mm²。

（5）照明和插座。

  ①各区域照度要求见表 7.13。

表 7.13　各区域照度要求

区　　域	最低基本照度/lx	色温/K	显色性 R_a	统一眩光值 UGR
入户门厅	200	3000	≥90	22
大厅	300	3000	≥90	22
主楼梯	150	3000	≥90	19
宴会(多功能)厅	400	3000	≥90	22
会客厅	300	3000	≥90	19
特色休闲厅	100	3000	≥90	22
餐厅	400	2700/3000	≥90	22
生活厅厨	250	3000/4000	≥80	19
书房	400	3000	≥80	19
健身房	200	4000	≥80	22
SPA 区	200	3000	≥90	22
室内游泳池/戏水池	200	3000	≥90	22
桑拿房	100	3000/4000	≥90	19
蒸汽房	100	3000/4000	≥90	19
按摩房	75	3000	≥90	22

续表

区　　域	最低基本照度/lx	色温/K	显色性 R_a	统一眩光值 UGR
衣帽间	150	3000	≥90	19
美容美发室	200	3000	≥90	22
儿童娱乐室	200	3000	≥90	22
模拟高尔夫室	300	3000	≥90	22
保龄球室	300	3000	≥90	22
酒窖	150	4000	≥80	19
酒吧	75	2700/3000	≥90	22
雪茄吧	75	3000	≥80	19
影音室	150	3000	≥80	19
卡拉OK室	75	3000	≥80	19
画室	500	3000	≥90	22
公共卫生间	75	3000	≥80	19
贵重物品收藏展示室	150	2700/3000	≥90	22
客用电梯轿厢	100	4000	≥80	19
客用电梯厅及走道	100	2700/3000	≥80	19
起居室	100	2700/3000	≥80	22
所有卧室	75	2700/3000	≥80	22
私享区卫生间	100	2700/3000	≥80	19
私享区衣帽间	100	3000	≥80	19
后勤区所有办公室	100	4000/6000	≥80	19
后勤厨房区	100	4000/6000	≥80	22
洗衣房	150	3000/4000	≥80	19
服务人员餐厅/休息室	100	3000	≥80	19
服务人员卧室	100	3000	≥80	19
服务人员更衣室	150	3000/4000	≥80	19
服务人员卫生间	100	3000/4000	≥80	19
服务备餐区	150	3000/4000	≥80	19
储藏室	100	4000/6000	≥80	22
机房	200	6000	≥80	22
车库	75	4000/6000	≥80	25

注：本表为基本照度要求，装饰灯的照度一般高于本表要求。

②客厅、餐厅、卧室、书房应采用调光型灯光，并采用智能灯光控制系统实现调光功能。

③楼梯间照明采用红外感应方式控制。

④灯具采用高光效光源，要求不低于 80 lm/W；灯具效率须满足《建筑照明设计标准》

(GB 50034—2013)第 3.3.2 条的规定；厨房、卫生间应采用不易积尘、易于擦拭的洁净灯具。

⑤为降低频闪，气体放电灯应采用高频电子整流器。

⑥智能照明要求见弱电智能化相关章节。

⑦除带 USB 插孔的电源插座采用三孔型外，其余均采用五孔型。

⑧客厅、餐厅、卧室、休闲厅、书房、社交厨房和酒吧等区域设置的手机、电脑等设备充电用插座均采用带 USB 插孔型。

（6）应急照明。

①卧室、主卫、客厅、餐厅、厨房、书房、公共走道、楼梯等处设置应急照明。

②采用单灯带蓄电池方式，蓄电池持续时间为 0.5 h。

（7）应急电源。

①设置柴油发电机，储油筒应能满足连续 12 h 全负荷输出的需求。

②柴油发电机应能满足所有负荷实际运行的要求。

③柴油发电机设置于户外花园内，远离卧室，设防雨设施。

④柴油发电机与市电之间应能实现自动切换，市电失电时柴油发电机启动并在 15 s 内自动供电，当市电恢复时应切换至市电并自动停机。

（8）防雷与接地。

①浪涌保护器安装位置：总箱进线处（总箱电源引自电表箱）。

②辅助等电位联结应将 0、1 及 2 区内所有外界可导电部分与位于这些区内的外露可导电部分的保护导体连接起来。

③局部等电位联结应包括卫生间内金属给水排水管、金属浴盆、金属洗脸盆、金属采暖管、金属散热器、卫生间电源插座的 PE 线以及建筑物钢筋网。

④游泳池的安全防护做法通常如下。

a. 将 0、1、2 区内所有外界可导电部分及外露可导电部分用保护导体连接起来，并经过总接地端子与接地网连接。

b. 在 0 区内，用标称电压不超过 12 V 的安全特低电压供电，并采用防护等级 IP2× 及以上的遮拦或外护物以及能耐 500 V 试验电压历时 1 min 的绝缘体。

c. 0 区内电气设备防护等级应达到 IP×8 及以上，1、2 区内应达到 IP×5 及以上。

d. 不在 0、1 区内设置开关设备、控制设备及电源插座。

e. 2 区内的插座配电回路应采用 30 mA 的剩余电流动作保护器或由隔离变压器供电。

f. 1 区内用电器具必须由安全特低电压供电或采用 II 类用电器具。

g. 2 区内宜采用 II 类用电器具，当采用 I 类用电器具时，其配电回路应设置 30 mA 的剩余电流动作保护器或由隔离变压器供电。

h. 水下照明灯具上部边缘至正常水面不低于 500 mm，面朝上的玻璃应采取防护措施，防止人体接触。

i. 浸在水中才能安全工作的灯具，应低水位断电。

j. 参照图集《民用建筑电气设计与施工 防雷与接地》(08D800—8)第 133 页做游泳池局部等电位联结。

7.8.2 点位要求

(1) 插座选型。

①露台、开敞式阳台、卫生间内插座及卫生间内开关均采用防溅型,防护等级为 IP54,户内插座离地高度在 1800 mm 及以下时采用安全型插座。

②阳台和露台的插座、洗衣机插座采用带开关单相三极插座,厨房台面插座采用带开关单相二三极插座,其他功能性插座采用单相三极插座,其余插座采用单相二三极插座。

(2) 插座布置。

①客厅插座不得布置于沙发后,电视墙上的插座在电视机后居中布置。

②床头两边有位置时均设插座,床头插座距床边不小于 150 mm 布置,保证插座不设于衣柜内、床后。

(3) 厨房、卫生间插座等电源设置。

①根据厨房内电气设备布置位置布置插座。

②冰箱插座安装在易操作的位置,且不被冰箱遮住。

③抽油烟机插座设于抽油烟机正上方。

④微波炉、消毒碗柜等插座设在设备的正后方。

⑤厨房台面插座尽量分两处布置,并应尽量远离燃气灶及洗菜盆。

⑥插座不应设于烟道上,燃气灶下柜内不得设插座。

⑦厨房、卫生间灯具开关设于厨房、卫生间外。

⑧插座与热水器、燃气管间的净距不得小于 150 mm,与燃气表间的净距不得小于 200 mm。

⑨卫生间吊顶内应设置专用空调电源或暖风机电源接线盒。

(4) 照明控制开关。

①卧室主灯采用双控开关控制。

②控制开关应按灯具类型、数量、功率分别设置。

③应尽量减少照明控制开关面板的数量。

④同一区域的控制开关应尽量集中设置。

⑤智能照明开关控制要求见弱电智能化相关章节。

7.8.3 安装要求

配电箱、等电位端子箱、设备底盒均采用暗装方式,安装要求如下。

(1) 配电箱、插座、开关高度。

①中央空调室外机电源预留接线盒底边高度距室外地面 800 mm。

②户内配电箱均采用暗装。

③配电箱底边距地 1800 mm 安装。

④配电箱应尽量设于隐蔽处,并应方便管线进出。

⑤放置配电箱的墙体厚度不应少于 150 mm，低于 180 mm 时，配电箱后应挂网批荡。

⑥分体空调高位插座贴梁底安装，无梁时距板 400 mm 安装。

⑦客厅、多功能厅、家庭厅电视电源插座和卧室床头插座按家具尺寸来协调安装，避免发生冲突。

⑧厨房低位微波炉、低位消毒碗柜插座底边按橱柜的尺寸调整安装。

⑨厨房冰箱按各品牌、型号的要求准确安装，台面设备插座底边距台面 200 mm 安装。

⑩厨房高位微波炉、高位消毒碗柜插座底边距地 2150 mm 安装或按橱柜尺寸调整安装。

⑪抽油烟机插座底边距地 2200 mm 安装。

⑫卫生间暖风机电源接线盒天花吸顶安装。

⑬阳台、露台电源插座底边距地 1400 mm（洗衣机插座以设于洗衣机龙头正上方为宜）安装。

⑭ 燃气热水器插座底边距地 1600 mm 安装。

⑮ 其余插座底边距地 300 mm 安装。

（2）配电线路安装和调试。

①采用金属导管或塑料导管布线，暗敷的金属导管管壁厚度不应小于 1.5 mm，暗敷的塑料导管管壁厚度不应小于 2.0 mm，外护层厚度不应小于 15 mm。

②敷设在钢筋混凝土现浇楼板内的线缆保护导管最大外径不应大于楼板厚度的 1/3，敷设在垫层的线缆保护导管最大外径不应大于垫层厚度的 1/2。

③潮湿场所采用管壁厚度不小于 2.0 mm 的塑料导管或金属导管，明敷的金属导管应做防腐、防潮处理。

④与卫生间无关的线缆导管不得进入和穿过卫生间。卫生间的线缆导管不应敷设在 0、1 区内，且不宜敷设在 2 区内。

⑤净高小于 2500 mm 的地下室，应采用导管或线槽布线。

（3）设计和安装规范。

①《民用建筑电气设计规范》（JGJ 16—2008）。

②《住宅设计规范》（GB 50096—2011）。

③《住宅建筑电气设计规范》（JGJ 242—2011）。

④《住宅建筑规范》（GB 50368—2005）。

⑤《建筑电气工程施工质量验收规范》（GB 50303—2015）。

7.8.4 照度要求

照度要求见表 7.13。

7.9 弱电智能化系统标准

7.9.1 智能家居主操控系统

（1）配置要求。

①操控屏可实现触摸控制，采用液晶显示屏幕，操作和读取反应速度快，不易死机，经久耐用。

②操控屏或 APP 手机操作软件界面简洁，功能标识易读懂，包含但不限于安防、照明、空调、地暖、新风、音乐、窗帘、可视对讲等。

③操控屏不小于 6 in，分辨率不低于 800 dpi×480 dpi。

（2）安装位置。

①每层楼设置 1 台主操控屏，挂于每层的电梯厅或门厅。

②每台操控屏有线连接。

7.9.2 安防系统

（1）入侵报警。

①私邸周界应安装红外对射探测器及周界照明设施。

②针对大平层，在带阳台/露台的房间及主卧室设置报警探测器。

③探测器报警时，报警灯闪烁，住宅内响起警笛声。

④报警系统具有显示、存储报警控制器发送的报警、布/撤防、求助、故障、自检等信息的功能。

⑤报警系统主机及末端设备应采用不间断电源（UPS）系统集中供电。

（2）视频监控。

①安装摄像机对重点区域进行联动报警侦测。

②按业主的要求在一些功能区设置彩色摄像机。

③室内采用一体化球形网络摄像机，室外采用枪式摄像机，室外摄像机安装位置合理，无盲点区域。

④摄像机至少具有 300 万像素，应能清晰显示出人员的面部特征。

⑤摄像机和硬盘录像机通过不间断电源供电。

⑥在夜间光线微弱的摄像机位置安装射灯或红外灯，由周界联动报警信号触发开启，保证夜间可清晰录像。

⑦支持网络远程监控，支持画面远程监控浏览、录像资料远程查看、系统参数远程配置、系统动作远程控制等。

（3）信息管理。

①业主可通过智能家居主操控系统按时间、区域部位任意编程设防或撤防。布防状态包括离家状态、在家保护、有线防区与无线防区相结合的分区保护等。

②系统自动保存报警信息，布防、撤防、报警、故障等信息的存储时间不少于 30 天。

③按区域设置不同的防区，采用电子地图指示报警区域。

④报警信息有防删除功能，应根据管理权限设置不同级别密码。

⑤采用硬盘录像设备进行监视和动态录像，录像保存时间不少于 30 天。

⑥采用基于 MEPG4 或 H.264 压缩技术的硬盘录像机。

⑦监视和记录帧数每路不小于 25 帧/s。

⑧录像激活方式可选择预约时间录像、联动报警触发录像、视频移动侦测录像或其他组合。

⑨根据选定的录像时间、结束时间、通道或原因记录等，完成数据检索，实现录像回放。

⑩安防系统应有防火墙，防止外部入侵。

（4）安装。

①大平层及带有阳台/露台的房间：采用红外/微波双鉴探测器，安装于阳台/露台门斜对角，吸顶安装。

②设备设置应考虑主动红外探测器特点，尽量减少因围栏在高度上的高低起伏所造成的影响。

③尽量保证探测器在水平走向上平直，减少围栏拐弯，并尽量美化探测器外形。

④主动红外探测器一般安装在围栏上，应尽量减少在围栏 2000 mm 内种植植物，景观树木宜低于围栏高度，避免红外探测器的红外光被阻断引起误报。

7.9.3　网络综合布线系统

（1）有线网络。

①引入的网络宽带容量至少为 50 M 带宽。

②在卧室、餐厅、书房、视听室等处设置网络点。

（2）无线网络。

①采用无线控制器 AC 及智能型无线接入点设备的覆盖方式，全宅信号全覆盖。

②配备无线网络管理软件，可以集中管理所有接入点、控制器、无线交换机。

③满足无线用户的无缝漫游要求。

④可在无线中心配置冗余无线控制器管理所有的接入点，对其访问、安全、配置进行全局管理。

⑤无线接入点采用 POE 供电形式。

7.9.4　有线电视和卫星电视系统

（1）有线电视。

①接入当地广电有线电视信号。

②在卧室、会客厅、视听室、休闲厅、餐厅、社交厨房设置有线电视插座。

（2）卫星电视。

①安装 1 个卫星电视接收天线，1 台数字卫星接收机，可收看 1 颗卫星的卫星电视节目。

②在卧室、会客厅、视听室、休闲厅、餐厅、社交厨房预留卫星电视接口。

（3）安装。

在景观阳台/露台预留卫星电视室外天线接入点位置，通过 PC32 管敷设至家庭多媒体箱内。

7.9.5　可视对讲和电子门锁系统

（1）对讲。

①根据项目小区配置的可视对讲设备的功能，评估是否更换。

②设置联网型彩色可视对讲系统。

③具有单向可视、双向对讲功能。

④室内分机可呼叫监控中心,双向对讲。

⑤门口机可呼叫监控中心,单向可视、双向对讲,具有夜视功能。

⑥采用高质量的最小 4 in 的彩色液晶显示器。

（2）开门。

①门口机可设置密码,用于开启大门。

②可遥控大门的开启。

（3）电源。

设有备用电源,电源容量按市政停电后可靠供电 24 h 设置。

（4）辅助功能。

①室内分机具有免挂机功能,可监视单元门口情况。

②室内分机具有多种振铃音区分呼叫来源。

③室内分机可支持操作智能家居控制系统。

（5）电子门锁。

①可采用指纹和密码两种方式开启门。

②可根据指纹判断人员,根据不同的人员联动智能家居系统开启不同的场景模式（背景音乐、照明等）。

（6）安装位置。

①门口机在门上安装时,应结合门的开启方向,一般宜设置在门的固定扇上。

②门口机在门旁墙上安装时,应结合门的开启方向,一般宜设在门的开启方向对侧。

③门口机露天安装时,应为门口机配备遮雨篷。

④室内机暗装时,安装位置应避开结构柱及承重墙。

7.9.6 通信系统

（1）可视对讲。

①在电梯轿厢、保姆房、卧室、会客厅、厨房、书房、影音室、茶室等主要功能房间配备可视对讲机,并设置一键呼叫。

②采用小型电话程控交换机,可同时满足 4 门直线、32 门分机,共计 36 门电话的通话需求。

（2）无线覆盖。

在地下室、电梯轿厢内以及其他信号弱的区域实现移动、电信的通信信号覆盖,具体覆盖范围为住宅内所有需信号的区域（经测试后确定）。

7.9.7 紧急求助报警系统

（1）功能要求。

①在卫生间、卧室设置紧急求助报警按钮,长按 3 s,代表有人非法侵入住宅,住宅内自动响起警笛声,并可播放提前录入的警告话语,所有灯光自动亮起,并接入小区对讲系统向物业管理值班室发布报警信息。

　　②在卫生间、卧室、干湿蒸房设置紧急求助报警按钮，短按一次代表有人发生意外，需要外部人员救援，自动向小区物业管理值班室发布报警信息，并可自动通过智能家居主控系统拨号通知设定的电话号码，住宅内所有灯光自动亮起。

(2) 安装。

　　①卫生间：设置紧急求助报警按钮，安装于墙上。

　　②卧室：设置紧急求助报警按钮，安装于床头附近。

7.9.8　消防及报警系统

功能要求。

(1) 在各个楼层主通道、储藏室、客厅、餐厅、主卧设置烟雾报警器，并可接入智能家居操控系统，可自动向小区物业管理值班室发布报警信息，并可自动通过智能家居主控系统拨号通知设定的电话号码。

(2) 在厨房设置燃气报警探测器，发生报警时，可自动关闭燃气总阀门，并能自动打开厨房电动玻璃窗。

(3) 在每层电梯厅或楼梯口设置干粉灭火器，每层采用 1 具 2A 4 kg 干粉灭火器。

(4) 配置防火用具：防火面具、防火毯、安全绳。

7.9.9　照明控制系统

系统要求。

(1) 每个调光的回路应有本地控制、自动控制和智能家居操控系统控制功能。

(2) 灯光系统应能预设多种灯光场景，以适应不同场合的灯光要求，在视听室、社交厨房、餐厅、会客厅、酒吧等区域设置多种灯光场景，在门厅、主卧、书房、衣帽间等区域设置 1～2 种灯光场景。

(3) 每个项目的照明控制应结合装饰设计的要求进行设计。

(4) 在车库、走道、门厅、电梯厅/楼梯间等区域安装人体感应移动探测器，当人走近时，可自动打开相应区域的照明灯，当人离开后，灯光将自动延迟关闭。移动探测器可调整灵敏度和延迟时间。

(5) 花园照明、泛光照明可根据光线和时间控制，天色渐暗时，光线感应器可自动将花园照明和泛光照明打开，到深夜时，定时器可自动将其中部分灯光关闭。

(6) 主卧有夜灯，设置起夜模式开关，可自动控制夜灯开启，同时卫生间筒灯打开，排风扇开启。

7.9.10　背景音乐系统

系统要求。

(1) 按不同的功能区域分区，不同的分区可分别播放不同的音乐。

(2) 播放的音乐可通过网络进行更新。

(3) 可选择播放 CD、FM 广播、电脑硬盘中的歌曲和网络歌曲。

(4) 分区根据不同建筑功能划分，例如花园、茶室、客厅、社交厨房、餐厅、书房、酒吧、雪茄吧、儿童娱乐室、休闲厅、游泳池、SPA 区、健身房、电梯轿厢等。

（5）每个分区的背景音乐可通过智能家居主操控系统控制音量和选择歌曲。

（6）与灯光、窗帘等联动，可设定多种组合场景。

7.9.11 空调地暖新风控制系统

功能要求：可通过智能家居主操控系统实现以下功能。

（1）空调：各个房间室内机启停，风向、模式、风速、温度的变化。

（2）地暖：各个房间地暖启停，舒适模式、节能模式、夜晚睡觉模式、防霜冻模式等模式的选择。

（3）新风：各个楼层的新风机启停、模式选择。

7.9.12 窗帘控制系统

功能要求。

（1）针对户内大的落地玻璃窗和主卧窗户设置自动窗帘控制系统，可实现窗帘的开闭、开度调节、联动和状态预设，有就地控制开关，并可通过智能家居主操控系统对其进行开启和关闭，并可编入各种场景模式。

（2）窗帘控制可以与灯光场景联动。

7.9.13 车库控制系统

功能要求：通过红外感应结合遥控的方式自动控制车库门的开启和关闭。

7.9.14 影院系统

（1）系统要求。

①配备 AV 交换机，可选择 DVD 信号、卫星电视、数字电视、网络、MP3、U 盘等播放源。

②采用不小于 120 in 16∶9 的电动投影幕布。

③投影幕布每平方米亮度不应低于 1000 lx。

④投影机采用高清（分辨率为 1920 dpi×1080 dpi）产品。

⑤配置卡拉 OK 系统。

（2）安装。

投影幕布底端距离地面 1500～2000 mm，以保证客人的观赏角度。

7.9.15 不间断电源

设备要求。

（1）对有发电机的项目，不间断电源至少能保证所有弱电智能化设备运行 2 h。

（2）对于无发电机的项目，不间断电源至少能保证所有弱电智能化设备运行 12 h。

（3）书房电脑插座须接入不间断电源设备。

7.9.16 楼宇监控系统

功能要求。

楼宇监控主机可读取电梯、空调、新风机、地暖炉、安防、泳池设备故障报警信息，并可通过外部网络访问该信息。

7.9.17 弱电点位

弱电智能化供应商应根据装饰图纸合理布置其需要的点位，须提供所有子系统的点位表供审核。

7.10　客用电梯系统

7.10.1 主设备要求

（1）采用无机房垂直电梯，载重 240～400 kg（3～5 人），速度 0.3 m/s。

（2）井道尺寸不小于 1350 mm×1450 mm，轿厢尺寸不小于 1000 mm×1200 mm，厅门净宽度不小于 800 mm，净开门高度不低于 1900 mm，轿厢高度不低于 2000 mm。

（3）顶层高度不低于 2400 mm，底坑深度不小于 550 mm。

（4）电动机采用永磁同步无齿轮电机。曳引机安装于井道内。

7.10.2 配置要求

（1）轿厢预留 200 kg 装修重量。

（2）轿厢内设置照明、排风设备，可自动开关。

（3）轿厢内和电梯厅均采用 LCD 液晶屏显示楼层。

（4）轿厢内配置扶手。

（5）轿厢内预留背景音乐接口。

7.10.3 安全要求

（1）具有发生故障时就近自动平层功能。

（2）轿厢内预留可视对讲接口，可利用其外呼。

（3）配置地震感应器，地震发生时驱动电梯系统，控制电梯停留在最近楼层，打开门及停止动作。

（4）轿厢内设有备用电池组的应急照明，在电梯停电时自动开启。

7.11　游泳池系统

7.11.1 系统要求

（1）水质标准：满足国际游泳联合会（FINA）的要求。

（2）一般游泳池采用中央过滤系统，小游泳池采用一体化过滤设备，本要求为针对一般游泳池的设计技术要求。

（3）池水循环采用逆流式，池水净化采用石英砂压力过滤器。

（4）室内游泳池水循环周期为 6 h/次，室外游泳池为 4 h/次。

（5）处理方式：毛发收集器＋循环泵＋过滤砂缸＋投药＋加热＋水疗。

（6）室内游泳池池水设计温度为 28 ℃，泳池室内设计温度为 29 ℃。

（7）室内游泳池空调采用除湿热泵，池水空间相对湿度不超过 65%，采暖采用地板辐射采暖加空调热风系统。

（8）除湿热泵应设置户外散热器。

（9）游泳池池水的加热热源采用泳池空调除湿热泵的热量。当热量不足时,采用辅助空气加热器。

（10）室内游泳池应有排风设备,过渡季节通风量根据室内湿度确定（根据室内和过渡季节送风点湿度之差设计）。

7.11.2 配置要求

（1）循环水泵应设置备用泵,每台水泵应独立设置吸水管。吸水管管内水流速为 1.0～1.2 m/s;水泵出水管的水流速为 1.5～2.0 m/s。

（2）每台循环水泵的吸水管上装设可挠曲橡胶接头、阀门、毛发收集器、压力真空表,其出水管应装设可挠曲橡胶接头、止回阀、阀门和压力表。

（3）设置均衡水箱,水箱采用不锈钢 SUS316 材质,设 35 mm 厚橡塑保温。水箱设进水管、水位计、水泵吸水坑和有防虫网的溢水管、泄水管。

（4）给水口为喇叭形,配有流量调节装置。

（5）应沿池壁两侧或四周边设置池岸溢流回水槽,回水槽沟底以 1％的坡度坡向回水口。

（6）溢流回水槽内回水口的数量应满足池水循环水流量的要求,间距不大于 3000 mm,同时应采用有消声设计的回水口。

（7）泄水口应设在游泳池最低标高处,宜做成坑槽形式。

（8）给水口、回水口、泄水口均为喇叭形,顶面应设隔栅盖板,采用 ABS 材质。

（9）游泳池排水沟和集水井设计应考虑反冲洗的水量和就近排放的便利性。

（10）采用臭氧-氯联合消毒,臭氧消毒的水流量和臭氧发生量均为循环水总量的 25％。

（11）应采用分流量全程式臭氧消毒的方式,流量为游泳池循环水量的 25％,臭氧投加量为 0.4～0.6 mg/L。

（12）臭氧应采用负压方式投加到过滤器之后的循环水管道;投加应采用全自动控制,并应与循环水泵联动。游泳池水面上空空气中的臭氧含量不得超过 0.2 mg/m³。

（13）游泳池氯消毒剂应采用次氯酸钠,消毒剂采用湿式投加。

（14）游泳池供回水管应采用 20 mm 厚橡塑保温。

7.11.3 控制要求

室外游泳池的回水管应设置电动阀,电动阀与均衡水箱内超高水位控制联动。

7.11.4 安全要求

（1）游泳池上方不宜设置灯具,以免检修困难。

（2）游泳池周边的照明灯具应有相应的防潮防护等级。

（3）游泳池水下灯采用安全的低电压供电,并有可靠的等电位联结。

（4）游泳池区域相关设备和附件,应做防腐蚀处理,相关金属构件应采用 SUS316 不锈钢材质。

（5）游泳池上方如有采光窗,应采取相应的防结露措施。

（6）池底回水口和泄水口的格栅孔隙的大小,应考虑防止卡入游泳者手指、脚趾。泄水口的数量应满足不会产生负压造成对人体的伤害。

(7) 臭氧与水接触的反应罐采用 SUS316L 不锈钢材质,输送臭氧气体和臭氧溶液的管道采用能抗正压及负压变形的、抗化学及电解质腐蚀的 SUS316L 不锈钢阀门、附件和管材。

7.11.5 游泳池水质标准

游泳池水质标准见表 7.14。

表 7.14 游泳池水质标准

参 数	可接受的范围
pH 值	7.2~7.6
混浊度	0.10 FTU
大肠杆菌	100 mL 池水内不得检出
铜绿假单胞菌	100 mL 池水内不得检出
总溶解固体	<3000 mg/L
余氯	游离余氯 0.4~0.6 mg/L

7.12 其他特殊系统

7.12.1 恒温恒湿空调

(1) 对有特殊要求的房间配置恒温恒湿空调。如酒窖、贵重物品收藏室等。

(2) 如有要求,可设排风扇排风,并有自然进风百叶。

7.12.2 中央除湿系统

针对潮湿的地下室进行设计。

7.12.3 中央吸尘系统

针对一些特殊客户采用。

7.12.4 净味系统

(1) 针对一些特殊客户采用。

(2) 在主卧、客厅等主要空间设置。

(3) 采用纳米水离子净化器,可去除霉味等异味。

7.12.5 负离子烟雾净化器

在娱乐室、雪茄吧等空间设置,可迅速去除烟雾。

8 家具、固定装置

■ 8.1 家具

8.1.1 基本要求

(1) 家具接头必须采用行业建造规程中的最佳做法,如花键接、榫槽接、榫头接、用舌榫连接、用暗销连接,或者用模具成型,以胶粘合并在两个方向上用螺钉拧接。所有家具木工必须仔细做好角接、装配、上胶,并用木螺栓紧固。

(2) 所有多余胶水必须在家具使用前从表面清除掉。

(3) 所有家具组件必须采用粘合剂或者螺丝固定到位。

(4) 所有固定螺丝必须满足螺孔或螺丝头不会出现滑丝、破裂或者膨胀情况。

(5) 所有塑料层压板台面必须用高压层压板做面层,板芯为密度不小于 20 kg/m^3 的带细粒面层的工业级刨花板,并且带有适当的衬背板以防止变形。台面必须使用工程级、半刚性(聚醋酸乙烯酯)或刚性(尿素、间苯二酚)粘合剂进行二次层压粘合。所有塑料层压板台面必须与木皮准确匹配。

(6) 所有采用后处理的家具边缘胶合板必须采用三层/双交联压合结构,且厚度不小于 1.3 mm。

(7) 实心木板与门框或抽屉面板之间不能有摩擦。

(8) 长度超过 1500 mm 的地面架空的柜式家具,必须有花篮螺丝或中心支撑。

(9) 脚轮座必须采用粘合剂或者螺栓进行固定。

(10) 所有家具桌必须使用双六角脚装螺栓和台脚承托支架。

(11) 当台面采用天然石材、花岗石或类似认可的材质时,必须安装一块至少 12 mm 厚的三合夹板。

(12) 当台面使用玻璃时,必须安全固定到底座上,不能有松脱情况。

8.1.2 材料要求

(1) 禁止使用濒危树种。

(2) 柜式家具必须采用高质量实木封边,内表面贴木皮等。

(3) 家具外表面必须选用刨切硬木,并且图案和颜色必须精心匹配。所有厂家报价单之上必须注明家具贴面的类型。所有家具木皮和背侧木皮必须在可控压力下采用防水粘合剂进行粘合。

（4）木皮最小厚度为 0.61 mm。

（5）为了防止贴面发生龟裂，所有异型胶合板的木芯必须具有一致的多向强度。

（6）家具背板必须采用粘合剂进行粘合，并且采用螺丝或枪钉进行固定。紧固件必须与外表面齐平，并且不能有膨胀、开裂或在成品表面凸出等情况。

（7）若配置有木质接尘板，则抽屉抽出时必须有完整的饰面。

（8）抽屉两侧和背面的上沿必须用砂纸打磨平整，边缘带有斜面，底部为圆形，并用透明的封固剂涂层覆盖，完成面采用催化漆。不允许有变色、杂色条纹和多余的机械痕迹。拼接位置颜色必须匹配。

（9）抽屉的侧面和背面应使用硬木或 7 层胶合板，表面采用清漆和催化剂面漆进行光滑处理。所有家具结合位置必须用多重燕尾榫或垂直（法式）燕尾榫进行连接。抽屉底部必须采用胶合板，上色后用催化漆做完成面，任何情况下，抽屉四面必须以粘胶密封稳固。抽屉导轨必须采用自回弹隐藏式滑轨。

（10）燕尾榫必须用粘胶粘合，应密实紧固，并用油灰填缝（如果必要）及用砂纸打磨。

（11）抽屉的内背面、前侧、两侧、底部、外侧和外背面均必须完全紧封。家具在打磨和上蜡之前必须用适当的材料清除灰尘、胶水和所有外物，并擦干、去除磨砂碎屑和残余密封剂。制造商必须配备重载商用级抽屉滚轮滑轨，且必须安装于抽屉 2/3 的深度位置。

（12）所有金属必须为经测量成品，并且没有可见的焊接接头。金属表面必须采取刷涂透明哑瓷漆、透明防锈剂及烤瓷或喷涂等防锈和防腐蚀措施处理。如果需要，制造商应保证材料的防腐蚀性能可适应高湿度和高盐分区域。

①木质刨花板的板芯必须符合Ⅰ型、B级、Ⅱ类商用级标准。本质刨花板的质量必须符合《刨花板》（GB/T 4897—2015）的规定。

②如果家具四边均为实心或采用贴面，并且没有超过 635 mm 的无支撑跨度，则家具台面必须采用刨花木板。如果无支撑跨度大于等于 760 mm，则必须安有防塌陷的撑条或支撑板。

③所有家具包括台面实木线及染色边不许使用未贴饰面的刨花木材。

④采用嵌斜接的家具必须在刨花木板的正面和背面用芯板封边。

⑤如果门的四周均采用了封边，则允许采用刨花木板。

⑥五金件必须涂有防锈和防污封固剂。

（13）硬木胶合板的规格必须符合规定要求。粘合剂必须为 2 类或更佳，打磨前必须保证里外木皮厚度不小于 56 mm。当里外木皮非同一类型时，两种木皮的密度和厚度必须相同。

（14）外表面木皮必须为 1 级平剪。同一家具的所有外表面木皮必须在颜色和木纹上匹配并达到一致的外观效果。此条要求适用于所有家具板表面，不仅包括使用时的正面，还包括台桌的背面、搁板的顶面、书架的内侧和各种其他可见的隔间和表面。

（15）抽屉底部、镜框背板和各种其他非暴露表面必须采用Ⅱ级或更佳的木皮，并且可采用旋切木皮。

（16）必须采用Ⅱ级或更佳的木皮芯，边缘的所有空隙必须进行填充。木皮芯的整个外露边缘必须采用与其他外露组件相同的木材。

（17）抽屉底的背部必须采用Ⅲ级木皮或更佳材质。木芯板可采用普通等级的，但不应有对接榫或直径超过12.5 mm的木节。

（18）木芯厚度不得小于79 mm，并且应为Ⅱ级或更佳。

（19）木芯、木芯板和木工板必须采用中密度或低密度木材。

8.1.3 工艺要求

（1）家具门不得发出杂音，无弯曲及摩擦，必须完整安装，调准校直。所有门的缝隙大小必须一致。所有门碰必须安装平齐。

（2）抽屉必须能够运动自如，没有任何卡滞。两侧有金属滑轨的抽屉必须可以自由抽拉，不会发出杂音，并且润滑良好。抽屉滑轨和滑槽必须铆固并适当定位，以保证抽屉正确对齐。

（3）铣削线、榫口或凹槽必须用机械和/或砂纸打磨光滑。家具造型、雕刻图案和U形榫口必须修整光滑，不许有未经修整或粗糙的部位。

（4）抽屉内表面和储物格必须用砂纸打磨平滑，清除粘胶或者涂料，并且应采用PVC塑料封装以防潮。家具侧面、端面、底部应没有碎片、毛刺、裂片、卡钉、钉子和螺钉。

（5）所有五金件如合页、拉手、插销、门碰、滑轨等必须保证安装妥善，使其功能得到最好发挥。

（6）边缘斜截角应做到方正、齐平、密封，并妥善粘合。

（7）家具内螺丝必须与其安装位置的表面齐平。

（8）家具中所有滑轨、脚轮和金属箍必须安装到位，以保证任何时候都不会发生松动。

（9）完成面的装饰线条和重叠部分，必须钻孔装埋，且尽可能采用背钉方式。

（10）所有藤条必须整齐地装配，不得断裂或松散，并且必须打磨光滑。

（11）所有物件必须保证没有工艺和材料上的缺陷。最终完工并验收后的第一年内出现相关缺陷，必须由制造商对这些缺陷进行修复并承担相关费用，而不得向采购方或项目管理团队收取费用。所有这些更换和维修必须一次进行，所选时间应以业主和厂家双方同意为宜。

（12）所有直径大于900 mm的家具桌必须有可调节脚垫。

8.1.4 外观和饰面

（1）在同一厂家生产的各件产品之间，在不同厂家生产的各件产品之间，以及在各产品样式之间，类似饰面的颜色必须不掉色、一致并且相协调。

（2）各种饰面材料必须认真匹配，并对各批次分别进行检查，以确保各批次和所使用的各种材料之间的协调性，用以构成不掉色的饰面体系。

（3）任何一组家具的仿古磨损处理、修色处理、增亮处理和喷点处理，必须在各产品和厂家之间以及各样式之间，都保持一致。

（4）家具格和抽屉的内表面不得有污垢、灰尘、刨花或其他异物。

（5）必须对家具表面进行打磨，以达到所要求的光滑度和光泽，并且必须充分干燥，以防止在包装时损伤表面或留下印痕。家具表面打磨不得穿透饰面。

（6）家具门和抽屉的边缘及背面饰面必须与正面饰面协调。

（7）打磨之后必须清除多余的浮石磨料、油蜡和打磨剂。饰面处理如下。

①采用喷漆，加底漆、增色剂。

②按照要求喷填充剂以妥善填充木材空隙，然后清除所有多余的填充剂并晾干。

③喷涂固体含量不少于 16%～20% 的防水剂。

④用砂纸将防水剂涂层打磨光滑，然后用细砂纸磨光。

⑤按照要求用修色着色剂进行修色处理，以获得均匀的颜色和效果。

⑥根据要求进行抛光处理。

⑦喷涂两层防潮催化涂层。

⑧根据需要用钢丝球、湿/干研磨纸打磨、打蜡并擦干净，以达到所要求的光泽度。

⑨用清洁剂对胶合板表面进行清洁并擦干。

⑩家具表面测试必须达到美国家具系统标准中"优质"或更佳等级，或亚太和欧洲的"自定义"质量等级。所有木头表面必须刷商用级转换漆，并可防水和防酒精侵蚀。

⑪对于封闭木纹家具，表面处理步骤为：乙烯基头道底漆→上色→乙烯基密封剂→砂光（220 号砂纸）→面漆。

⑫对于开放式木纹家具，表面处理步骤为：乙烯基头道底漆→上色→乙烯基密封剂→砂光（220 号砂纸）→面漆。

（8）表面不得仅采用面漆。

（9）面漆。

①聚氨酯面漆。当家具上表面不是玻璃、石材或胶合层压板材质时应使用聚氨酯面漆（PU）。聚氨酯面漆仅用于室内，至少应保证家具外观保持 10 年不褪色。聚氨酯面漆是批量生产家具最耐用的面漆之一。它可以抗摩擦、污损、灼伤、紫外线黄化，并具备抵御季节变化时热胀冷缩的能力。它不含铅和甲醛，挥发性有机化合物含量低，硬化速度快，使用寿命长，尤其适合作为透明及有色家具的面漆。

a. PU 100 Gloss 聚氨酯透明面漆，H99-03（NY）多功能异氰脲酸酯固化剂，透明度超过 90。

b. PU 50 Matt 聚氨酯缎纹透明漆，98-HO 多功能异氰脲酸酯固化剂，乳白色光泽，透明度 45～50。

②催化面漆。

a. 大多数柜式家具采用后催化剂。它是一种硬质、耐用和可防化学侵蚀的面漆。它干燥的速度慢于预催化剂或硝基漆。但是由于它的催化剂含量更高，因此在 24 h 内可完成 85% 的硬化。它必须用于受控的环境内。它的使用环境温度需要高于 18 ℃，否则将不会完成交联反应,并且耐用性将大大降低。催化面漆是一种溶解物,可通过交联反应使家具表面更加耐用。

b. 预催化剂是在工厂内完成添加的催化剂,而后催化剂是在使用时添加的催化剂。由于催化剂没有那么强力或"热",预催化剂通常干燥和硬化速度稍慢。油漆中同时也添加有阻滞溶剂,可防止在油漆桶内即发生化学反应。从而使得油漆有6个月或更长的使用寿命,只要没有添加催化剂就不会发生化学反应。

c. 后催化剂干燥和硬化的速度更快,更适用于高质量产品。

8.1.5 性能

(1)抽屉和门必须装配完毕、对正齐平,并且在各种气候条件下均能平滑使用。

(2)所有门、抽屉、支撑脚、托盘和其他操作部件均必须装配完善,对正齐平、操作自如,不能有松动现象。

(3)门不能出现摩擦、发出噪声或者弯曲变形。合页使用时必须顺畅、安静,无卡滞或其他影响性能的缺陷。

(4)所有台面和结构部件不得出现翘曲。

(5)装饰和功能性五金件的安装都必须做到平直和牢固。

8.1.6 软体家具

(1)软体家具不能全部采用塑胶包面。塑胶仅允许在座椅中使用。

(2)软体家具必须满足以下要求。

①使用粘胶加强固定接缝。

②加衬里的荷叶边饰。

③床座封盖口。

④非腐蚀防锈拉链。

⑤家具脚配以防腐蚀重型尼龙脚垫。

⑥软体家具的各组件布料、面板材料、填料/衬料、盖缝条及中间隔离材料(若使用)必须根据当地的消防法规进行测试。不得使用盐基阻燃化学品。

⑦必须要有阻燃剂合格证书。

⑧框架要求。

a. 家具接头采用双榫接合、粘合并钉固。

b. 需要时对边角进行加固,装角撑板,用胶水粘合并用螺钉拧紧。

c. 某些情况下可采用金属或雪橇式底座。

⑨座椅弹簧要求。

a. S型(不下陷)弹簧结构。

b. 美规8号弹簧钢丝。

c. 弹簧中心距在102 mm或以下。

d. 带降噪涂层的弹簧夹。

e. 带横向固定的圆边弹簧钢丝。

　　　　f. 2 oz 厚涤纶邦迪隔热垫层。

　　　　g. 弹簧必须为手索式,用绝缘铁丝连接弹簧。

　　　　h. 普通弹簧必须具有使用寿命保证。

　　⑩靠背弹簧要求。

　　　　a. S 型(不下陷)弹簧结构。

　　　　b. 11 或 12 号弹簧钢丝。

　　　　c. 带横向固定的圆边弹簧钢丝。

　　　　d. 带降噪涂层的弹簧夹。

　　⑪填充材料要求。

　　　　a. 密度 1.8 g/cm³、压陷硬度适中(通常由制造商根据设计与使用要求进行规定)的聚氨酯泡沫塑料。

　　　　b. 至少 2 oz 厚聚酯纤维。

　　⑫坐垫要求。

　　　　a. 密度 2.25 g/cm³、压陷硬度适中的高回弹聚氨酯泡沫塑料(见上文)。

　　　　b. 填充物采用 3/4 oz、聚酯纤维。

　　　　c. 当靠垫使用聚氨基甲酸乙酯泡沫垫时,必须采用高阻燃型。

　　　　d. 靠垫和背枕内芯必须采用聚酯纤维,外套为棉布,靠垫套必须有安全绳,并且配备防腐蚀拉链以便于清洗。

　　⑬背枕要求。

　　　　a. 密度 2.25 g/cm³、压陷硬度适中的高回弹聚氨酯泡沫塑料(见上文)。

　　　　b. 聚酯纤维或防钻绒背枕套内填充非粘合聚酯纤维。

　　⑭织物要求。

　　　　a. 面料表面应进行防褪色处理。

　　　　b. 织物衬里必须采用丙烯腈、乳胶或针织面料。

8.1.7　床

(1) 床垫芯必须包裹在适当的材料中,其技术规格应符合 FR 认证要求。床垫芯的底色必须与床垫套颜色相匹配。

(2) 床垫必须采用泰普尔(Tempur Pedic)生产的 2030 mm 长、125 mm 厚的绒面优质高密度防火泡沫。整个沙发床垫不能有线圈或弹簧,可通过隐蔽式拉链垫套更换垫芯。

(3) 可采用带 Z 型弹簧的 216 mm 双层床垫结构和 1930 mm 的床垫平台。

(4) 床垫套必须采用绗缝工艺制作。

■ 8.2　织　物

所有织物必须满足以下要求。

(1) 采用工程级质量的耐用面料。

（2）耐磨性能测试符合下列要求。

　　①卧室软垫套织物：40000 次（Martinsdale 测试）；30000 次两倍（Wyzeenbeck 测试）。

　　②公共区域软垫套织物：45000 次（Martinsdale 测试）；30000 次两倍（Wyzeenbeck 测试）。

　　③公共区域坐垫织物：20000 次（Martinsdale 测试）；30000 次两倍（Wyzeenbec 测试）。

　　④日晒牢度：40 h。测试方法符合美国纺织品化学家和染化师协会（AATCC，www.aatcc.org）的规定或当地测试标准。

（3）必须符合以下要求或当地消防规范，并以较高值为准。

　　①窗幔织物必须符合以下标准。

　　　　a.《公共场所阻燃制品及组件燃烧性能要求和标识》（GB 20286—2006）、《阻燃装饰织物》（GA 504—2004）。

　　　　b. 应配备一份裁剪面料小样或制造商出具的证明文件作为符合性依据。

　　②软体家具织物必须符合《公共场所阻燃制品及组件燃烧性能要求和标识》（GB 20286—2006）的要求。

　　③床旗和枕头装饰织物必须符合 EN 1021—1、EN 1021—2 的要求。

（4）必须向物业提供阻燃符合性证书。

（5）所有软包和装饰性枕头织物必须进行染色处理。

■ 8.3　窗饰

8.3.1 基本要求

（1）所有窗户必须采用窗饰。

（2）木百叶窗需要刷木漆或采用催化漆饰面。不允许有未上饰面的木百叶。

（3）窗幔织物宽度下限为 1370 mm，重量下限为 1.7 yd/lb。窗幔所有外边缘必须具有褶边。窗幔必须长至地面，并实现垂地的效果。

（4）所有窗饰拉杆必须采用重型材质，并且安装在窗饰前方离地 1070 mm 的位置，其颜色应与窗饰织物相协调。沿海区域不可采用透明色。

8.3.2 公共区域

（1）公共区域窗户必须采用窗幔、窗纱和/或百叶窗（和/或木百叶窗）（50 mm 窗条）。

（2）基于安全考虑，开向公共区域的视窗和/或侧墙开窗不得使用窗饰，不得有遮挡物。

（3）所有公共区域的窗户必须有帘头。帘头必须采用布艺或者油漆饰面木檐板。

8.3.3 卧室窗饰

（1）卧室的窗饰可采用带遮光衬里的窗幔、装饰性窗纱或者彩色遮光帘外加装饰性窗饰三种方式。厚型窗幔配备三层遮光衬里。

（2）窗饰必须根据精确尺寸定做；所有废料必须去掉；图案必须配对。

（3）窗饰必须与天花板保持 6 mm 的间距。

（4）窗饰底部必须与地板完成面保持 12 mm 的净距；实际间距可为 6～12 mm。

（5）所有窗幔必须在连接位置保持 75 mm 的重叠以确保不会漏光，同样在所有窗户边缘亦需有 75 mm 的重叠部分。当窗户与墙同高时，窗幔必须在墙高范围内采用魔术贴进行固定以保证完全遮光。

（6）顶部处理。

① 不允许采用布艺帘头或窗帘盒。

② 必须有隐藏窗幔五金件的建筑细节处理，如窗套、挑檐底面、天花线等。

③ 窗幔必须有重叠。

（7）厚型窗幔。

① 窗幔设计必须完全交叉横越两侧板或饰带，且所有窗幔必须安装遮光衬里，不允许采用彩色衬里。

② 窗幔布幅必须覆盖衬里褶缝、重叠及返回宽度。褶边布幅数必须达到 200％，而水波窗幔应达到 80％。

③ 厚型窗幔的织物必须满足以下要求。

  a. 可采用 100％棉、100％聚酯纤维和 100％特雷维拉阻燃涤纶纱线（Trevira CS）。所有聚酯纤维织物必须采用低起球连续长丝纤维。

  b. 固有阻燃织物，如 Trevira 或 Avora。

  c. 用作侧帘的厚型窗幔织物必须采用遮光材料作为衬里或者本身就有遮光效果。

（8）遮光窗幔。

① 遮光窗幔的织物必须满足以下要求。

  a. 卧室窗幔应至少采用双层遮光软衬里或使用全遮光帘。

  b. 颜色：外层为白色或淡褐色，里层为灰色。如果厚型窗幔是浅色的，则遮光窗幔必须在两面均进行面层处理（三层）。

  c. 织物材质：70％聚酯纤维/30％棉/100％聚酯纤维带双层海绵，以达到设计要求的遮光效果。

  d. 纱支密度：78×44 每平方英寸或同等密度。

② 遮光布幅必须覆盖衬里褶缝、重叠及返回宽度。褶边布幅数必须达到 200％，而水波窗幔应达到 120％。

③ 遮光衬里必须有三层，以免两层衬里中的灰色内层造成漏光，规范如下。

  a. 重量：1.40 yd/lb（1200 mm 宽）和 1.27 yd/lb（1370 mm 宽）。

  b. 颜色：外层采用白色或淡褐色，里层采用白色或象牙色（根据设计要求，里层也可采用其他颜色，但应获得私邸项目管理方的批准）。

  c. 纤维材质和工艺：100％聚酯纤维，带三层海绵，以达到设计要求的遮光效果。

  d. 纱支密度：78×54 每平方英寸或同等密度。

（9）侧帘：侧帘的饱满度必须为 200％～250％。固定式侧帘的完成宽度为 710 mm（1.5 幅 1200 mm 宽布料）或 760 mm（1.5 幅 1370 mm 宽布料）。

(10) 纱帘：窗纱布幅必须覆盖衬里褶缝、重叠及返回宽度。褶边布幅数必须达到250%，而水波窗幔应达到120%。

(11) 窗幔五金件。

①所有五金件必须使用打孔和插接方式进行安装，不允许采用射枪式安装。

②窗帘轨道必须采用双轨或三轨系统。

a. 三轨系统包括独立的窗纱轨、遮光轨及窗幔轨。当固定侧挂窗幔使用时，轨道必须跟全窗幔基本相同。

b. 双轨的窗饰组合必须包括独立的窗纱轨及遮光布缝里的窗幔轨。

③必须使用无绳手拉式窗轨。

④所有窗幔必须用不锈钢挂钩固定和悬挂。所有带衬里和不带衬里的窗帘头必须采用防腐蚀性重型挂钩。

⑤所有窗帘杆必须采用耐用材质，并且安装在窗饰前，离地高度1070 mm。

⑥当使用罗马帷幔时，必须使用魔术贴贴在帷幔上。魔术贴一端必须缝在帷幔上，另一端则必须粘在轨道上，且应确保周界不漏光。

⑦应使用电动窗幔和/或遮光帘（百叶窗）。

(12) 电动百叶帘。

①质量必须为工程级。

②必须为窗内安装。

③遮光效果必须达到99%。

④百叶条质量必须为工程级并满足当地消防规范。

⑤每侧的净距不允许超过1.6 mm。

⑥电动窗帘可以采用墙面开关或者遥控器操作。

8.4 台面

8.4.1 台面包括所有桌面、柜面或其他可被人接触的室内家具表面。

8.4.2 台面材料必须满足的性能标准

(1) 使用时应保证结构的完整性，且不会变形。

(2) 为实心材料、非多孔材料或没有外露边缘的贴面材料。

(3) 耐撞击和划痕。

(4) 防积水损坏。

(5) 为耐腐蚀性材料。

(6) 易于用标准无毒化学清洁剂清洗。

(7) 大理石必须为20 mm厚，裸露部分边缘应抛光，并且必须有凝灰岩保护面层。

8.4.3 当台面全采用钢化玻璃并全由底板支撑时，其最小厚度为6 mm。

8.4.4 当台面采用钢化玻璃，且局部由底板支撑时，其最小厚度为12 mm。

8.4.5 当台面采用胶合板时,最小总厚度为 19 mm。

8.4.6 所有多孔石台面必须在安装时妥善进行防水密封。

8.4.7 玻璃必须进行固定。家具必须据台面尺寸配备透明的亚克力减震器。

8.4.8 所有塑料层压板台面的面层必须选用高压层压板,板芯采用密度不小于 20 kg/m³ 的工业级细粒中密度板,并应有适当的衬背板进行保护,以防止变形。台面必须采用工程级半刚性(PVAC)或刚性(尿素、间苯二酚)粘合剂进行层压,以实现第Ⅱ类粘合。所有带有实木抛光边缘的嵌入式层压板台面家具必须有一个 2 mm 深的 V 形沟槽。所有塑料层压板的接头部位必须准确结合。塑料层压板家具的完成面外观必须没有凸起、裂缝或其他制造工艺缺陷。

8.4.9 石材台面必须在台面下有胶合板垫木,刷黑色油漆。台面必须用胶水或螺栓与家具底座进行固定。所有外露表面必须采用经批准的浸渍剂和密封剂进行封闭以保护石材不受水、酒精和化学染色剂的损害。

■ 8.5 艺术品

8.5.1 公共区域艺术品框标准

(1) 安装。

　　①除以下特殊情况外,纸质艺术品必须安装在干燥区域以防止褶皱。

　　　　a. 可能损害价值的贵重艺术品。可以采用适当的保护安装技术,比如使用无酸麻布胶带制作的 T 形挂钩。

　　　　b. 三维艺术品或在不可能安装于干燥区域时。

　　　　c. 非固定安装的艺术品。

　　②相片必须有背板。贵重的相片可以使用保护性胶带和背板进行安装。

(2) 画框内衬。

　　①艺术画保护至少应采用无酸纸或者 α-纤维素纸板画框。

　　②所有衬板应采用白芯纸板。

(3) 玻璃。

　　①可以使用常规的相框玻璃。对于贵重艺术品,应首选保护性玻璃,比如 98% 防紫外线玻璃。

　　②对于宽度超过 1200 mm 的较大艺术品,可以使用有机玻璃;但是如果该艺术品较为贵重,则必须采用防紫外线有机玻璃。防紫外线有机玻璃可能有颜色,并且可能使艺术品欣赏产生一些色偏。

　　③在光照较强的区域,必须使用防反射的玻璃或有机玻璃。

　　④对于高水准的艺术品必须使用博物馆质量的玻璃。

　　⑤玻璃厚度至少为 5 mm。

(4) 框架。

　　①首选木质框架。

②框架应当避免有虫蚀的可能性,并且避免采用容易受到病虫侵扰的木材品种。

③所有框架必须采用防潮纸或胶带密封。

　　(5) 打包与装箱。

①艺术品必须进行打包和固定装箱,以尽量降低运输过程中遭受损坏的风险。

②艺术品必须有保护角框并进行妥善固定,且在安装团队拆除前不会脱落。所有艺术品框周围必须采取减振保护措施,比如用泡沫包装袋。

③在对艺术品进行打包/装箱时,必须采取措施防止运输途中因移动或摩擦而造成外表面损坏。

8.5.2 卧室艺术品框标准

　　(1) 安装。

①可采用湿式或干式方式安装于泡沫塑料板上。

②特殊情况下艺术品可以采取其他展示方式,比如使用展示框。

　　(2) 画框内衬。

画框内衬必须采用白芯纸板或更佳材料。

　　(3) 玻璃。

①可以使用常规的相框玻璃。

②在光线较强的区域,必须使用防反射玻璃。

　　(4) 框架。

①首选木质艺术品框。

②可以使用密度板(MDF)镜框。

③所有艺术品框安装时必须用背纸板或胶带进行密封。

　　(5) 打包/装箱。

①艺术品必须进行打包和用货盘装箱。

②艺术品在运输和安装移动时必须采用角框进行保护。

③艺术品框打包时必须彼此面对面和背对背。若有必要,艺术品正面之间必须采用额外的硬纸板防护以防止框架损坏。

　　(6) 固定五金件。

①艺术品固定必须用 T 型螺栓或者其他经批准的固定措施。

②较轻的艺术品可以使用顶部标准挂钩固定。重型艺术品,特别是镜子,必须在顶部使用 Z 型杆或类似的楔夹,在底部采用 T 型螺栓进行固定。

■ 8.6 床上用品

8.6.1 床单采用全棉布料,布面光洁,透气性能良好,无疵点,无污渍。

8.6.2 枕芯应松软舒适,有弹性,无异味,规格不小于 750 mm×450 mm。

8.6.3 枕套必须采用全棉布料,布面光洁,无明显疵点,无污损,规格与枕芯相配。

8.6.4 毛毯应手感柔软,保暖性能良好,经过阻燃、防蛀处理,无污损。规格尺寸与床单相配。应符合《纯毛、毛混纺毛毯》(FZ/T 61001—2006)的规定。

8.6.5 床罩应外观整洁,线型均匀,边缝整齐,无断线,不起毛球,无污损,不褪色,经过阻燃处理,夹层可使用定型棉或中空棉。高档面料以优质装饰布或丝绸面料为主。

8.6.6 备用薄棉被(或备用毛毯),采用优质被芯,应柔软舒适,保暖性能好,无污损。

8.6.7 衬垫应吸水性能好,能有效防止污染物质的渗透,与软垫固定吻合,可使用定型棉或中空棉。规格不小于 2000 mm×1100 mm。

8.7　镜子

8.7.1 镜子必须采用 4.76～6.35 mm 厚的乙烯基镜框/乙烯基安全镜框,并且不会变形。镜子必须采用抛光平板玻璃材质。所有镜子必须具有防止银氧化质量保证。所有镜子必须安装在硬木镜框上。

8.7.2 镜框

(1)首选木质镜框。

(2)镜框应当避免有虫蚀的可能性,并且避免采用容易受到病虫侵扰的木材品种。

(3)所有镜框必须采用防潮纸或胶带密封。

(4)浴室或其他可能受到水蒸汽侵蚀的区域不允许使用中密度板镜框。

8.7.3 所有镜子必须采用适用于墙面安装和与重量相匹配的防破坏三点紧固件进行固定,以保证安装良好。

8.8　水族箱

8.8.1 水族箱需要根据需求由专业的顾问公司设计、安装及调试。

8.8.2 应提前确认箱体装水使用时以及过滤设备等全部的荷载对建筑结构无影响。

8.8.3 应配置一间小型机房,合理配备过滤设备、水体加温/降温设备、空气加温/降温设备、水质监测设备、换水设备/器材、照明设备、排气设备等。

9 消防与生命安全要求

9.1 总则

9.1.1 适用性

（1）本章详细说明了国际高级定制私邸在设计及施工过程中所应满足的消防与生命安全要求。

（2）这些功能性的要求旨在保护国际高级定制私邸的客户和员工的生命安全。

9.1.2 标准符合性

（1）当地方、区域或国家主管部门（即具有法律管辖权的部门，AHJ）的要求与国际高级定制私邸的要求不同时，应当严格遵守较严格的要求。上述标准冲突之处，应提交至项目管理方委派的管理团队进行审核及解决。如果当地主管部门无法行使管辖权，国际高级定制私邸保留为相关项目补充额外的消防与生命安全标准的权利。

（2）在某些特殊情况下，可能需要考虑替代的设计方法。本章内容允许采用具有等效或更高品质、强度、防火性能、有效性、耐用性和安全性的系统、方法和设备。

9.2 建筑结构防火

9.2.1 应采用防火构造的区域

以下区域的结构支撑系统必须采用不低于表 9.1 所列的耐火极限的建筑构件。

表 9.1 部分建筑构件的耐火极限

区　　域	1 h	2 h
所有楼板、承重墙、柱和梁		√
房间之间隔墙		√
走道与房间隔墙		√
设有燃气设备的房间		√
洗衣房周边		√
弱电机房		√

续表

区　　域	1 h	2 h
楼梯间和电梯井		√
烟囱井		√
垃圾房	√	
可回收物储存间	√	

注：在设有自动喷水灭火系统的情况下，若当地消防审批部门同意，可按本表50％的耐火等级执行。

9.2.2 当地主管部门允许时，防火分区的分隔门应采用满足以下耐火极限的常闭式防火门，见表9.2。

表 9.2　门耐火等级

门耐火等级	有　喷　淋	无　喷　淋
耐火极限 1 h 的防火墙	20 min	30 min
耐火极限 2 h 的防火墙	60 min	90 min
房间门	20 min	30 min

9.2.3 防火门及门框必须有当地或国家消防机构认可的耐火等级认证。防火门及门框边缘须贴有金属的封条或标签标明其耐火等级。

9.2.4 当管道穿越耐火极限为 2 h 的防火分隔时必须安装耐火极限为 1.5 h 的防火阀。

9.3　灭火系统

9.3.1 概述

(1) 除本节中有明确规定的之外，所有建筑均须配备全面的自动喷淋系统。

　　①建筑高度低于 25 m 的建筑可不设置自动喷淋系统。这里的建筑高度是指从人员疏散的室外地坪至平时有人使用的最高楼板间的距离。

　　②面积小于 5.1 m² 且无可燃物的卫生间以及面积小于 2.2 m² 的壁橱不需要设置自动喷淋系统。

　　③对于包括大厅在内的高大空间，当高度大于 16.8 m 时不需要在天花板设置自动喷淋系统。与大空间连通的楼层区域须设置自动喷淋系统。

　　④对于面积较小、距离主体建筑较远、无重要功能、通常情况下无人的附属建筑，可不设置自动喷淋系统。

　　⑤对于单独设置在地上，且墙体开洞面积超过 60％ 的车库可不设置自动喷淋系统。

　　⑥除使用人数少于 50 人的低层建筑外，所有低层建筑均须配置自动喷淋系统。

(2) 喷淋系统必须依据下列标准之一进行设计、安装和调试、验收。

　　①ANSI/NFPA 13（www.nfpa.org）。

　　②EN 12845（www.bsigroup.com）。

③《自动喷水灭火系统设计规范》（GB 50084—2017）（www.china-fire.com）。

（3）可采用水喷雾自动灭火系统替代水喷淋自动灭火系统，但必须遵守美国标准 NFPA 750（www.nfpa.org）的规定并得到当地主管部门的批准。

9.3.2 自动喷淋保护

（1）设计必须满足以下最低标准。

①设计作用面积（即用于进行建筑最不利点水力计算的面积）不得低于 139 m^2。

②水力计算中室内消火栓最小用水量为 379 L/min（6.32 L/s）。

③水力计算中应考虑 10% 的安全系数。

（2）除寒冷结冰地区外，所有区域必须采用湿式自动喷淋系统。寒冷结冰地区必须设置干式或防冻喷淋系统。管道及系统组件禁止使用电伴热。

（3）必须采取可靠的措施保持湿式灭火系统的管道和设备温度在 4 ℃ 以上。

（4）自动喷淋系统必须全面采用快速响应喷头，并遵循厂商的安装标准。对于既有私邸建筑，在对自动喷淋系统进行重大改造之前允许采用标准响应喷头。

（5）所有公共区域必须采用隐藏式喷头。

（6）对于后场区域（包括布草间和库房等），必须采用喷头保护罩对喷头进行保护。

（7）在寒冷结冰（包括无采暖室内空间和冷库）、腐蚀性空气（泳池区、桑拿区和洗衣房）和暴露于含盐空气的区域内，自动喷淋系统的设计和设备选型必须考虑上述环境影响。

（8）对于可能受到自然灾害侵袭的地区，包括地震、洪水和龙卷风等，必须在系统设计和安装时将这些因素考虑在内。

（9）系统必须分区。

（10）系统内每个分区控制阀均应带开关信号并可反馈至消防控制中心。每个分区水流指示器的动作信号应反馈至消防控制中心。

9.3.3 消火栓系统

（1）除下述情况外，所有私邸项目均须安装单独的或与自动喷淋系统合用管道的消火栓系统。除非建筑构造或楼层布局不利于消防员使用消火栓扑救，对于首层出口地面至最高有人逗留楼层高度低于 25 m 的建筑可不必设置消火栓系统。

（2）对于已经设有自动喷淋系统的建筑，消火栓系统设计和安装可以仅供消防部门使用。室内消火栓设计用水量必须为 379 L/min，并且通过自动装置供水。

（3）对于没有设置自动喷淋系统的建筑物，消火栓系统必须完整（管道、水龙带、水枪）。供水必须采用湿式/自动系统。

① 设计最小供水量为 1895 L/min（31.6 L/s）。

② 最少持续时间为 30 min。

（4）当消火栓系统用水由室外水泵结合器配备时，须向当地消防部门咨询消防供水情况。

（5）消火栓结合器的口径和类型必须与负责该私邸项目的当地消防部门的要求一致。

（6）水枪喷嘴口出水压力 6.9 bar（0.69 MPa）。

（7）消火栓栓头出水压力高于 12 bar（1.2 MPa）时应采取减压措施。

9.3.4 供水要求

(1) 应为已安装的灭火系统配备满足设计用水量要求的可靠供水,持续时间至少为 30 min。

(2) 供水应通过下列一种或多种方式配备。

　　①连接到可靠的市政供水。

　　②连接到市政供水,然后通过消防泵进行加压以满足水力计算要求。

　　③连接至由消防水池供水的消防泵,消防水池的容量应满足设计要求。当安装两台及以
　　　上的消防泵时,消防泵可采用电或者柴油机驱动。

　　④连接到高位水箱。

(3) 应考虑自然风险,如地震、洪水、暴风和龙卷风等。

(4) 消防供水系统的设备选型必须经过专门设计,并且采用经美国安全检测实验室(UL)认
　　证的或等同认证的设备。

9.3.5 厨房排油烟罩和排油烟风管保护

(1) 当采用厨房排油烟罩系统控制油烟时,必须遵循以下火灾保护系统和风罩风管建造
　　标准。

　　①应采用厨房排油烟罩专用灭火系统保护厨房设备和厨房排油烟罩系统。厨房灭火系
　　　统应能对厨房烹饪设备、厨房排油烟罩、厨房排油烟风管连接的通风系统进行保护。

　　②厨房排油烟罩和风管必须专用于排放厨房油烟,并且应与其他通风系统分开。

　　③厨房排油烟罩和排油烟风管不能采用易于腐蚀或遇热老化的材料。不能采用镀锌铁
　　　皮材料。

　　④厨房排油烟风管安装和施工必须保证不会出现油脂聚集或从任何结合部位溢出。

　　⑤必须配备排油烟风管废油清洁与检修面板以便对排油烟风管系统进行检查和清洁。
　　　检修口之间的间距不能大于 6000 mm。

　　⑥排油烟风管穿越天花板、墙体或楼板的管段的耐火极限必须达到 2 h。

　　⑦厨房排油烟风管到可燃物的安全距离不能小于 400 mm,或者它与非可燃物的安全距
　　　离不能小于 150 mm。

(2) 新建和更换厨房排油烟罩灭火系统必须采用湿式化学灭火系统并符合 UL 300(www.
　　ul.com)的要求,且与私邸项目的自动喷淋系统或可靠的供水相连接。

(3) 必须在烹饪区域的疏散通道位置安装可手动关闭和复位的燃气切断阀。

9.3.6 灭火器

(1) 按主管部门的要求配备移动式灭火器。

(2) 如当地主管部门允许,公共区域灭火器应安装在嵌入式灭火箱内。

(3) 至少在以下非公共区域配备灭火器。

　　①办公室区域。

　　②洗衣房。

　　③工程和机电机房。

　　④厨房。

⑤储藏间。

9.3.7 特殊危险区域

特殊危险区域的防火设计应通过具有资质的工程师的审查。区域包括且不限于变配电室、大型燃气或化学品储藏间、大规模 IT 和程控交换机房。

9.3.8 灭火系统调试

（1）在移交给业主或物业管理团队之前，所有灭火系统必须正式通过标准要求的测试。系统试运行必须在有资质的独立第三方工程师的见证下进行。

（2）项目文件，包括说明书、测试文件及竣工图必须提交给物业管理团队。

（3）测试和试运行必须验证与其他辅助系统之间的接口操作是否正确，包括建筑火灾报警系统。

（4）向物业管理团队的相关人员提供安装设备的演示和指导。

（5）以表格形式提供书面测试结果记录。如有需要，测试文档须提交给当地主管部门。

▌9.4 火灾探测、通信与报警系统

9.4.1 概述

（1）所有建筑必须有可靠的火灾探测系统，发生火灾时通知物业管理人员并启动正确的疏散程序。

（2）火灾报警与探测系统必须由项目管理方认可的富有经验的有资质的消防工程师设计。

（3）所有新建和改造系统必须使用寻址式、分布式处理及分布放大技术，并为每个联动设备配备一个单独的系统地址。

（4）新建私邸精装项目必须配备一个全自动的火灾报警与探测系统，并满足本节所述的区域覆盖、操作要求和性能标准。

（5）对于新建、翻新的私邸精装项目，必须遵循下列标准之一。

　　①NFPA 72（www.nfpa.org）。

　　②BS 5839（www.bsiarouo.com）。

　　③《火灾自动报警系统施工及验收规范》（GB 50166—2007）（www.china-fire.com）。

（6）所有设备包括线缆必须获得下列任一测试机构的认证。

　　①美国安全检测实验室（Underwriters Laboratories，UL）（www.ul.com）。

　　②Verband der Sachvershicherer，Vds（www.vds.de）。

　　③British Standards（BS）（www.bsigroup.com）。

　　④European Committee for Standardization（CEN）（www.cen.eu）。

　　⑤中国强制性产品认证、中国国家认证认可监督管理委员会，（www.ccc-cn.org、www.cnca.gov.cn）。

9.4.2 基本设计原则

（1）所有新建和改造系统必须能够为联动、控制和警报设备回路配备至少 10％的系统扩展

容量。

①控制柜、电源和功放容量应进行相应计算。

②备用控制柜和备用电源系统应均匀分布在整个系统中。

（2）在当地法规允许的情况下，所有私邸项目新建和改造系统如采用总线型烟雾探测器，系统控制盘上必须配备报警确认功能。手动报警按钮和水流指示器应可用于直接报警，无须确认。

（3）如满足以下条件，允许设置预报警功能，在启动全面报警之前预留一定的时间对报警设备进行确认。

①当地主管部门允许设置此功能。

②感温探测器或灭火系统监测到装置动作，则立即启动疏散程序。

③同一分区中第二个探测器动作则立即启动疏散程序。

④全面疏散程序启动前用于现场确认火情的时间少于 4 min。

⑤物业管理公司应确保有足够的值班人员确认火情。

（4）对于无法提供可靠供电或应急电源的地区以及可能遭受严重雷击的地区，必须配置不间断电源保护火灾报警中央控制设备、外设打印机和终端设备，以防止断电或电压不稳。当发生停电事故时，不间断电源应能为上述所有设备供电。

①火灾报警控制盘至少配备一个功率调节器/稳压器（PC/VR）。

②稳压器的输出容量必须满足消防报警设备的需要。

③当输入电压在额定值$-25\%\sim+15\%$范围内波动时，稳压器必须能自动调节电压并维持输出电压不超过额定值的$\pm5\%$。

（5）火灾报警控制中心或分控中心所在建筑的各回路的进入或者离开位置必须安装浪涌保护装置。

（6）当火灾报警装置安装在无空调的区域时，物业必须满足制造商提出的工作环境要求，并且采取措施保护其免受恶劣天气和腐蚀物质的破坏。

9.4.3　火灾探测

（1）每间功能房间都须安装硬线连接的本地独立感烟报警装置。

①当一间房间安装多个感烟报警装置时，必须互连并可同时报警。

②感烟报警装置必须内置备用电池。

（2）如果建筑已经安装有远程监控的灭火系统进行保护，则在以下位置配备寻址式烟雾探测器。

①室内走廊。

②电梯厅。

③机电设备用房。

④计算机/电话/程控交换机房。

⑤储藏室。

（3）除非当地规范要求新增探测器或者禁止拆除既有探测器，否则应限制使用烟雾探测器。

对于既有探测器,如果只是发出硬件维护信号,未发出误报警,并且一般情况下均稳定工作则不需要拆除。

(4) 对于没有被远程监控灭火系统完全覆盖的建筑,所有区域均应安装寻址式火灾探测器。

(5) 对于风量大于 944 L/s 的空调风系统,必须在空气过滤器的下游和支管连接之前,以及服务两层及以上楼层的竖向风管或立管的连接位置安装风管型感烟探测器。

(6) 除非当地规范要求,风管型感烟探测器只发出预警信号,不启动疏散程序。

(7) 所有在地面无法检修的探测装置必须安装远程测试开关和指示灯。

(8) 每个楼层的安全出口和通向室外的出口处应设置手动报警按钮。如当地规范允许,在有喷淋保护的房间可不设置手动火灾报警按钮。

(9) 特殊灭火系统和厨房排油烟罩灭火系统必须接入火灾报警系统进行监视。厨房排油烟罩灭火系统动作时必须联动关闭厨房送排风系统。

(10) 火灾报警系统应监视消防泵、应急发电机、自动喷淋系统、消火栓系统及监视设备的动作。

(11) 中庭必须采用光束型感烟探测器。除非当地主管部门要求,中庭区域不应使用点型感烟探测器。

　　① 中庭应根据具体设备选型参数每三层布置一组光束型感烟探测器。

　　② 对于形状不规则的中庭,可能每层需要一组光束型探测器,或者在必要时采用空气采样系统以满足覆盖面积的要求。

　　③ 必须采用火灾建模以确定建筑布局的类型、位置和覆盖样式,并保证最顶层的疏散出口或通往邻近区域的不受保护的开口区域中烟气层保持在 1830 mm 以上高度。

9.4.4 火灾警报装置

(1) 以下设备应配置相应的火灾警报装置。

　　① 主火灾报警控制盘和打印机。

　　② 保安办公室内的显示屏和打印机。

　　③ 位于其他 24 h 值班区域的显示屏。

(2) 警报装置安装、布置和接线应满足输出声压级的规定,满足环境噪声下整个建筑区域可以清晰听到警报声。

　　① 在任何情况下,火灾警报声压级均不低于房间环境噪声 15 dB 或者在公共区域不低于环境噪声 5 dB,最低警报声压级为 65 dB,最高为 110 dB。

　　② 在任何情况下,房间内安装的声音警报装置应保证在房间门关闭的情况下,警报声压级不低于 75 dB。

(3) 睡眠区域均应安装扬声器/警报器。

(4) 扬声器必须配备功率调节器。

(5) 警报回路应满足单点断线或者故障不会影响整个回路正常工作。

(6) 火灾应急广播系统。

　　① 在有人员活动的最高楼层楼板标高高于地面安全出口 25 m 的建筑中必须设置火灾应

急广播系统。

②火灾广播语音播报至少应采用当地语言和英语。

③以下位置应配备扬声器。

    a. 卧室。

    b. 人员聚集房间。

    c. 走廊及电梯厅。

    d. 面积超过 92 m^2 的房间。

    e. 设备机房。

    f. 疏散楼梯通往的屋顶区域。

（7）除楼梯间应按竖向单独分区外，其余扬声器应按照楼层进行分区。

（8）部分区域应当设置有氙气闪光灯的声光报警装置，并且必须在建筑内任何区域发生报警时自动动作。其中包括且不限于以下区域。

①房间走廊。

②无障碍/听力受损人员居住房间。

③公共卫生间。

④宴会厅。

⑤公共区域走廊。

⑥高环境噪声的后场区域。

（9）无障碍/听力受损人员居住房间内的感烟探测器动作时，必须联动本房间内安装的声光报警装置以及当地规范要求的其他装置动作。

（10）当走廊警报装置动作时，必须能联动本楼层内无障碍/听力受损人员居住房间内的声光报警装置以及当地规范要求的其他装置动作。

9.4.5 与其他设备之间接口

（1）火灾报警系统设计必须考虑与楼宇管理系统、暖通空调系统和安防系统之间的协调。

（2）对于日常运营需要的常开防火门应安装电磁门吸以确保火灾状态下可联动闭门。

（3）背景音乐系统和其他娱乐设备等可能影响火灾广播系统的设备应安装联动控制器，可在火灾状态下进行切断。

（4）发生火灾报警时，电控门锁系统应能联动释放开门。

（5）电梯厅的感烟探测器动作时应联动所有相应区域的电梯轿厢返回至首层。

（6）对于设有包括火炉在内的设备的所有区域应安装一氧化碳探测器。可采用感烟/一氧化碳复合型探测器。其他要求参见当地法规和条例。

（7）应根据私邸项目和系统的具体情况，配备包括所有组件在内的系统联动关系表。以下仅作为参考示例（表9.3）。在设计阶段应提交本项目的系统联动关系表供项目管理方委派的管理团队审批。

表 9.3　某项目的系统联动关系表

输入＼输出	房间警报装置	房间声光报警装置	反馈报警信号至控制盘	反馈信号至系统打印机	反馈报警信号至消防控制中心	故障信号反馈至控制盘	反馈监视信号至消防控制盘	火灾区域声光报警信号	启动防排烟系统	火灾区域门禁释放	电梯返回	关闭音乐和娱乐广播
带蜂鸣底座的房间感烟探测器	—	√	√	√	√	√	√	√	√	√	√	√
无障碍房间感烟探测器	—	—	√	√	√	√	√	√	√	√	√	√
房间感烟探测器	—	√	√	√	√	√	√	√	√	√	√	√
区域感烟探测器	√	√	—	—	—	√	√	—	—	—	√	—
电梯厅感烟探测器	√	√	√	√	√	√	√	√	√	√	√	√
通风管式感烟探测器	√	√	√	√	√	√	√	√	√	√	√	√
风管感烟探测器	√	√	√	√	√	√	√	√	√	√	√	√
感温探测器	√	√	—	—	—	—	—	√	√	√	√	√
水流指示器	√	√	—	—	—	—	—	—	—	—	√	—
手动火灾报警按钮	√	√	√	√	√	√	√	√	√	√	√	√
特殊区域灭火系统	√	√	√	√	√	√	√	√	√	√	√	√
信号阀开关	√	√	√	√	√	√	—	√	√	√	√	√
消防泵信号	√	√	√	—	√	—	—	√	√	√	√	√
系统故障	√	√	√	—	—	—	√	√	√	√	√	√
应急发电机信号	√	√	√	√	√	√	—	√	√	√	√	√
一氧化碳探测器	√	√	√	√	√	√	√	√	√	√	√	√
一氧化碳探测器（房间）	—	—	√	√	√	√	√	√	√	√	√	√

9.4.6　安装

对于新建和翻新的火灾探测与报警系统，其安装必须满足相关要求和厂商的标准要求。以下为补充要求。

(1) 当未敷设在金属套管或线槽内时，火灾探测与报警系统的电缆必须敷设在建筑结构内进行机械保护，且必须安装在不会受到机械损伤的区域。

(2) 所有未敷设在电线管内的电缆必须采用尼龙带或者卡夹进行固定。禁止采用 U 型卡钉进行固定。火灾报警系统的电缆支撑结构体间距不应超过 3050 mm。吊顶上安装的电缆不应直接与天花板接触。电缆布线不应使线路受到张力。

（3）所有设备之间的电缆应为连续路由，不应有中间接头。当必须有接头时，应采用金属接线盒内的接线端子进行连接。所有其他接头的连接也必须采用接线端子。禁止使用压线帽进行连接。相互连接的线缆的外绝缘层必须颜色一致。

（4）所有线缆的截面尺寸、绞合方式、护套和安装应当遵循火灾报警系统制造商的标准。

（5）所有设备外壳、线槽和导线管内只允许安装火灾探测与报警系统的电气回路，不能有其他无关系统的回路。

（6）所有电气回路的两端必须有数字标识进行区分。

（7）所有地下安装电缆必须采用火灾报警装置专用型号并且可用于直埋。地下电缆必须采用防水 PVC 电线管进行保护，并且不能在地下进行铰接。当在建筑间进行布线时，应在导线管内配备额外的接地线以保持系统的接地保护。

（8）所有容易受到潮湿影响的导线管、接线盒和外壳均应进行防水保护。

9.4.7 试运行和验收

（1）在移交给物业团队之前，所有系统应该通过正式测试。系统试运行必须由有资质的独立第三方监督进行。

（2）测试记录必须符合标准。项目文件，包括说明书、测试文件及竣工图必须提交给物业管理人员。

（3）系统软件，包括说明如何安全存储信息和重新进行系统编程的使用手册应提交给物业管理人员。

（4）如有需要，测试文档须提交给当地主管部门。

（5）调试与试运行必须验证各联动系统能否正确运行，包括自动喷淋、暖通空调、电梯、防排烟及应急发电机系统。

（6）向物业管理人员提供已安装设备的演示和指导。

（7）以表格形式提供书面测试报告。

■9.5 人员疏散

9.5.1 概述

（1）消防/应急出口设置要求。

　①每层至少有两个疏散出口，两个出口的间距至少应大于本层对角线长度的 1/3。

　②对于服务超过 50 人的单独房间应至少设置两个疏散门。两个疏散间的距离至少大于此房间对角线长度的 1/3。

　③当一个楼层或者房间内超过 500 人，此楼层或者房间须至少设置 3 个疏散出口。

（2）最大容纳人数计算，见表 9.4。

表 9.4 人员荷载

建筑功能区	人均面积/m^2
人员密集区域:没有固定座位,密集(仅有座椅)	0.65
人员密集区域:没有固定座位,不太密集(有桌椅,如餐厅)	1.4
人员密集区域:等待区域	0.47
厨房	9.3
游泳池	4.6
游泳池岸边区域	2.8
卧室	18.6
储藏室/机电用房	46.5
健身中心	4.6

（3）人员密集区域,最大容纳人数应取等待区与聚集区两者中较高的数值。

（4）总疏散宽度应基于下列折算系数计算。

　　①楼梯间:7.6 mm/人。

　　②疏散门和水平疏散通道:5 mm/人。

（5）疏散距离必须符合以下要求,见表 9.5。

表 9.5 疏散距离

分　类	有喷淋保护	无喷淋保护
房间至安全出口的疏散距离	61 m	46 m
其他所有区域至安全出口的疏散距离	76 m	61 m
房间(区域内)至两个疏散出口之前的疏散距离	30 m	23 m
袋形走道最长疏散距离	15 m	10 m

（6）疏散走道最小净宽不应小于 1120 mm。

（7）疏散走道的最低净高不小于 2040 mm。

（8）当满足下列条件时,可借用相邻房间或区域进行疏散。

　　①借用的房间或区域没有相对更大的火灾风险。

　　②穿越相邻房间或区域的疏散路径,线路清晰,无任何阻挡物。

　　③所借用的房间或区域不应超过 1 个。

9.5.2 楼梯

（1）每层至少有一部疏散楼梯通往上下楼层。

（2）楼梯最小净宽不应小于 1100 mm。

（3）新建私邸精装项目的楼梯踏步最小宽度为 250 mm。

（4）新建私邸精装项目的楼梯踏步最大高度为 170 mm。

（5）高度超过 25 m 的建筑的疏散楼梯应采用以下方式使其满足防烟的要求。

　　①机械排烟。

　　②自然排烟。

　　③正压送风。

（6）当安全疏散距离仅有一层高度时允许采用开放式疏散楼梯，并且设计应防止在室外楼梯出现积水。除了在寒冷区域楼梯必须完全封闭以防冻外，其他区域允许采用安全疏散距离超过一层高度的开放式室外疏散楼梯。

（7）在当地规范允许时可采用剪刀楼梯，并且楼梯之间不应有穿越，同时楼梯之间应设置防火隔墙。

（8）在当地规范允许时，若建筑已采用自动灭火系统进行保护，允许有 50% 的人员经过首层大厅疏散至安全出口，该大厅应具有清晰的直通室外的疏散路径。

（9）封闭式疏散楼梯间不得用于其他用途。

（10）疏散楼梯间禁止用于储物。

（11）对于通常无人的场所，如电机房或储藏室，不能直接开向疏散楼梯间。

（12）除直接服务于疏散楼梯间外，线槽桥架或风管不允许布置在楼梯间内。

（13）所有安全出口必须通往室外可作为公共道路的开放区域，或者通过一条没有障碍物的路径通往公共道路。

（14）在喷淋保护非全覆盖的建筑中，每层每个楼梯必须设置一个避难区。

9.5.3 门及锁具

（1）疏散路径上，包括房间门在内的所有疏散门的最小净宽为 900 mm。

（2）服务 50 人及以上的房间的疏散门应朝疏散方向开启。

（3）所有疏散楼梯间的门和疏散楼梯出口的门必须朝疏散方向开启。

（4）门的斜舌必须配备明显的、可单手开启的把手装置。

（5）对于服务大于等于 100 人的房间的带有门闩的房间门和开向室外的疏散门均应设置推杆锁。

（6）疏散路径上设置的由电子门禁控制的门必须满足以下要求。

　　①火灾探测与报警系统动作时应联动开门。

　　②在离地高度 1520 mm 处安装手动释放装置。

　　③断电自动释放。

（7）疏散路径上安装的门的开门力不能超过以下数值。

　　①释放门闩：67 N。

　　②开启门：130 N。

　　③完全打开门：67 N。

（8）门锁应无须使用钥匙、工具、特殊技能或操作即能在疏散一侧打开。

9.5.4 扶手和栏杆

（1）楼梯和坡道两侧都需要设置扶手。

（2）楼梯转弯处的内扶手必须连续。

（3）扶手高度应介于踏步地面以上 900～1100 mm。

（4）扶手和墙之间的最小净距为 55 mm。

（5）高于或低于地面 770 mm 的行走面应配备安全护栏。

（6）护栏高度应不低于 1050 mm。

（7）开放式护栏应设置中间隔栏或其他装饰图案，并应保证直径为 100 mm 的球体无法通过其中的空洞缝隙。

（8）护栏装饰图案的形状设计应可限制攀爬。

9.5.5 疏散标志

（1）安全疏散出口和疏散通道应设有易于识别的疏散指示标志。

（2）疏散指示标志应可自发光或带外部照明。

（3）断电时，应急电源应可为疏散指示标志连续供电，时间不应少于 90 min。

9.5.6 疏散照明

（1）应急照明设计应采用集中式蓄电池组对各区域分支回路进行供电，或者采用自带蓄电池的方式。当整栋建筑停电时，必须通过发电机对应急照明设备进行供电。

（2）疏散通道、通向公共通道的路径以及公共通道在建筑或空间有人使用时应保持全天照明。

（3）应急照明系统应能在 5 s 内点亮 50% 的应急灯具，并且在 60 s 内点亮 100% 的应急灯具。

（4）以下区域的最低地面照度应达到 10.8 lx：楼梯，楼梯平台，楼层转换区，拐弯位置，交叉路口，应急楼梯间门（走道侧面），着火风险区域（比如厨房和公共聚集区以及后场区），设备机房、给排水/喷淋机房、变配电/变压器房等的安全疏散出口门。

（5）整栋建筑内的消防设备/设施、消防控制盘和手动报警按钮等操作面的最低地面照度应达到 5.4 lx。

（6）公共区域沿疏散路径的平均地面照度应达到 5.4 lx，并且在任何一点均不低于 1.1 lx。

（7）断电时，应急备用电源应可为应急照明连续供电，时间不应少于 90 min。

■ 9.6 应急电源

9.6.1 概述

（1）所有私邸项目均应配备可靠的应急电源。当正常供电中断时，应急电源应向关系客人及员工生命安全/安防要求的建筑设备进行供电。

（2）在正常电源失效时，关键电力系统应能自动接入应急电源系统。可接受的应急电源如下。

　①专用应急发电机组。

　②蓄电池。

　③独立于正常电源系统以外的其他电力系统配备的可靠电源。

（3）关键电力系统应永久和可靠地接入应急电源系统。

（4）应急电源系统部件包括发电机、油箱、控制设备、自动转换开关等，设计、安装和调试均应符合设备制造商和当地主管部门所认可的规范标准。

（5）用于应急电源系统的应急发电机组必须安装在不受天气影响的围护结构内，并且应考虑以下因素。

　　①与邻近设备和建筑保持一定的安全距离。

　　②通风要求。

　　③燃料系统安全。

　　④振动和噪声以及废气排放。

　　⑤遭受地震、飓风/台风和龙卷风等灾害。

（6）在正常供电出现故障的情况下，应急电源系统应至少满足下列要求。

　　①保障建筑内宾客和员工的生命安全直至恢复正常供电。

　　②保障建筑内人员安全疏散，应考虑下述内容。

　　　　a. 疏散路径和控制区域（前台、保安、消防控制室）的规定照度。

　　　　b. 疏散标志。

　　　　c. 如果当地主管部门有要求，应保障消防电梯供电。

　　　　d. 通信设备供电，包括火灾报警系统和电话通信设备供电。

　　③维持生命安全和安防相关系统正常运行。

　　　　a. 根据要求设置消防泵。

　　　　b. 排烟控制和楼梯间加压送风设备。

　　　　c. 所有与安防相关的设备及设施，包括保安办公室、报警传感器/探测器和摄像机等。

　　　　d. 所有电控锁定/释放装置。

（7）与生命安全、防火保护和安全防范相关的电力负荷必须优先于其他电力负荷。

（8）对于可能遭受自然灾害如飓风/台风、地震、洪水/潮汐、龙卷风、暴风雪、山林火灾或供电不稳定的私邸项目，必须考虑额外的应急电源系统容量。应急电源系统供电时间必须基于可能的自然灾害和燃料补给的情况进行设计。当燃料补给可能中断时，应基于计算负荷保证不少于 2 d 的燃料储存。

9.6.2 测试和文档

（1）应急电源系统中的自动转换和应急供电设备在应急状态下的运行情况必须通过正式测试。

（2）为物业管理相关人员提供设备安装操作示范和指导说明。

10 技术布线标准

10.1 应用

本章内容主要针对新建私邸精装项目。对于翻新项目,本章内容作为"最佳实践"参考,可根据项目具体情况评估其应用。

10.2 供应商

所有系统供应商和安装商必须经过项目管理方的审批。

10.3 布线标准(语音和数据)

10.3.1 综合布线系统(SCS)必须具有 20 年的质量保证。

10.3.2 私邸项目应安装一套分布式线槽桥架系统。安装区域包括弱电竖井、天花吊顶和架空地板内。语音/数据线和电源线的布线应当分开。

10.3.3 增强型六类线(CAT6)布线系统

(1)系统规格。

　　①综合布线系统的设计和安装必须同时满足 ISO/IEC 11801 Class D 和以下标准。

　　　　a. BS EN 50173-1 Class D。

　　　　b. ANSI/TIA/EIA 568—B。

　　②综合布线系统的永久链路和信道性能必须满足或优于以上标准。

(2)组件规格。

　　①线缆。

　　　　a. 线缆必须满足 ANSI/EIA/EIA 568—B 和 BS EN 50173-1 Class D 的要求。阻燃性能至少应满足 IEC 60332-1 标准。

　　　　b. 线缆必须具有独立第三方认证,并且在移交给物业管理之前必须经过验收,并被认证为"符合相关要求"。

　　　　c. 原先采用超五类线(CAT5e)布线的改造私邸项目需要重新采用六类线布线时,网线需要具有认证。

②连接件。

　　a. 配线架。

　　　(a)机架安装,以标准 1 U 高度为单位。

　　　(b)线缆连接必须采用 LSA 或者 110 IDC 绝缘体置换连接器。

　　　(c)必须采用 RJ45 终端接口,符合标准 IEC 60603－7－2/3 568B(或 568A)的要求。

　　　(d)必须采用增强六类线。

　　b. 连接器。

　　　(a)线缆连接必须采用 LSA 或 110 IDC 绝缘体置换连接器。

　　　(b)必须采用 RJ45 终端接口,并符合标准 IEC 60603－7－2/3 568B(或 568A)的要求。

　　　(c)必须采用增强六类线。

(3)墙装插座。

应采用两位或四位插座,有带保护门的塑料面板,内置网络模块。

(4)地装插座。

地装插座应采用带有保护门的塑料面板。

(5)网络跳线。

　　①跳线必须采用 24 AWG (UTP)、26 AWG (STP)双绞线,IEC 60332－1 标准低烟护套。

　　②必须采用 IEC 60603－7－2/3 RJ45 跳线。

　　③必须采用增强六类线。

10.3.4 安装规格

(1)综合布线系统必须向一家制造商采购,并且应根据制造商的标准进行安装。

(2)综合布线系统设计、质量控制和文档必须符合 BS EN 50174 的要求。室外布线符合标准 BS EN 50174－3 的要求。系统接地必须符合标准 BS EN 50310 的要求。

(3)所有安装线缆必须进行全面测试。在颁发质保证书之前,所有测试数据必须经过制造商和一家独立第三方的审核和批准。

(4)永久链路必须采用 IEC 61935 Level Ⅲ以上网线测试仪进行测试,并满足 ISO/IEC 11801 D 类永久链路性能标准,或者 BSEN 50173－1 D 类或 ANSI/TIA/EIA－568－B CAT6 标准。

(5)测试结果必须存储到网络测试仪制造商配备的网线管理软件数据库内。

(6)综合布线系统必须具有 20 年的产品质量保证,并且由获得厂家认证和培训的安装人员进行安装。投标文件中应当附有两年内的培训证明文件。

(7)综合布线系统必须按照 BS EN 50174－1、ISO/IEC 14763－2 或 ANSI/TIA/TIA－606－A 的要求设计标识与管理系统。编号原则必须为机柜/配线架/配线点。比如 2B/03/26 为 2B 号机柜 03 号配线架和 26 号点位。房间编号应采用房间号/配线点。比如

　　　　101/A 为 101 房间的 A 号点位。

（8）综合布线系统必须根据制造商标准和 BS EN50174－3（或 ANSI/TIA/EIA－607）进行接
　　　地。

（9）数据线与电源线之间的间距必须符合 BSEN 50174－2 的要求，除非地方电气安全规范有
　　　更高要求。

（10）可选项：如果具有电缆管理系统，则必须符合 BS EN 50174－2、ANSI/TIA/EIA 569－
　　　B 或 ISO 14763－2 的要求。

10.3.5 局域网应用

（1）所有设计采用的通信协议基于标称值为 100 Ω 阻抗的 D 类布线系统必须工作令人满意。
　　　这里的"令人满意"具体指在电磁干扰场强 3 V/m、频率 100 MHz、持续时间至少 30 min
　　　的情况下，误码率小于 1/1010。

（2）局域网工作方式必须包括且不限于 155 Mbps ATM（当具有 D 类接口时，还包括 622
　　　Mbps 和 1.2 Gbps）和 IEEE 802.3ab 千兆以太网。

（3）永久链路的延迟差异必须小于 20 ns（典型值），以保证视频传输令人满意。

10.3.6 （电磁兼容）性能

　　综合布线系统必须符合 BS EN 50288－3－1 和 ISO/IEC 11801 对线缆平衡和电磁兼容的要
求，并且不会降低所有连接的电气装置的电磁兼容性能。制造商必须提供电磁兼容性能保证。

10.4　水平子系统

10.4.1 水平布线子系统

（1）本章中水平布线包括信息插座和本地设备机柜之间的所有六类铜缆布线。

（2）设备机柜到信息插座之间的水平布线必须采用星形网络。每个插座必须单独自设备机
　　　柜布线，并且不得有平行电线布线。弱电间内的 UTP 网线和设备机柜之间不得出现干
　　　扰连接。

10.4.2 水平布线系统

（1）所有水平铜缆布线必须采用专用线槽、导线管和多分隔桥架。

（2）语音和数据线缆与其他设施线缆不能安装到同一个线槽内，必须保持相关规定要求的
　　　间距。

10.4.3 配线架总体要求

（1）语音和数据配线架必须符合六类线标准。

（2）弱电间内的语音和数据配线架必须采用机柜内模块化配线架安装。配线架必须在后端
　　　采用绝缘压穿连接器（IDC），在前端采用 RJ45 8 位信息模块。语音和数据配线架必须有
　　　不少于 24 口 RJ45 端口（3 组，每组 8 个端口）。每 48 个端口必须安装一个理线槽/线缆
　　　管理器。

10.4.4 语音配线架

(1) 计算机主机房内语音总配线架(MDF)必须采用科龙(Krone) 108A Dual Vert 型配线架和 237A 型端子。

(2) 语音总配线架必须靠近程控交换机房和计算机主机房内的水平布线机架,并固定到一块 20 mm 厚的胶合安装板上。

10.4.5 光纤配线架

(1) 光纤配线架必须能够容纳不少于 12 个 LC 连接器。光纤芯线必须采用熔接方式将光纤头连接到 LC 连接器中。每个光纤配线架必须占据 1 U 的机柜空间,并且安装在弱电间内设备机柜或配线架上的有源器件上方。

(2) 每个弱电间至少可安装两种机架式铜缆配线架。

　①信息插座的水平布线终端应采用不同的语音和数据配线架。配线架必须采用 RJ45 模块化结构。

　②语音主干布线终端,为语音和信息配线架连接。语音配线架应采用模块化结构,并且支持不少于 24 个 RJ45 端口。

10.4.6 建筑干线子系统

(1) 语音干线。

计算机主机房内的主配线架至各弱电间之间的语音干线必须采用星形拓扑结构的 UTP 主干铜缆。应配备足够的线对数,包括每个语音点位 1 对线再加上 25% 的备用线对。

(2) 数据干线。

计算机主机房和弱电间之间的数据干线必须采用室内低烟无卤 12 芯 50 μm/125 μm 多模光纤紧套光缆。所有光纤连接必须采用 LC 型连接器。

(3) 建筑内干线路由。

建筑内水平和垂直干线的布线路由应利用线槽网络。

10.5　通信机柜

10.5.1 规格

(1) 通信机柜可用高度必须为 42 U,尺寸为 800 mm×1000 mm,保护等级至少应为 BS.5490 IP 20。通信机房和弱电间内应采用机柜保护有源器件、模块化配线架(铜缆)和光纤配线架。如果没有有源器件详细规格,则应假定设备占据 17 U 的机架高度。

(2) 所有机柜必须具有相同的制造商、外观和颜色(浅灰色/黑色)。所有机柜必须配置带锁的茶色玻璃前门和后门。所有机柜门必须采用单钥匙锁。每台机柜必须带有可移动侧面板、理线槽和接插线支架等。

(3) 所有机柜必须内置有不少于八位的电源排插,并且通过 UPS 连接至电源分配单元。

(4) 配线架和机柜之间必须至少保持 150 mm 的间距。

10.5.2 接插软线/跳线

（1）综合布线施工商必须配备 1000 mm 长、50 μm/125 μm、2.5 mm LC 型多模光纤跳线。

（2）模块化数据配线架（信息插座配线架）之间连接必须采用不同长度的 4 对 8 针 RJ45 六类跳线。

10.5.3 设备接插线

数据插座到用户工作站之间的设备接插线必须符合相应的数量和长度要求。

■ 10.6　系统实施与移交

10.6.1 安装质量

（1）综合布线系统安装必须满足适用的质量标准和制造商的安装标准要求。

（2）综合布线施工商必须确保所有安装人员均全面了解质量要求。

（3）当由综合布线施工商来完成项目设计时，提名设计师必须通过国际建筑行业咨询服务（BICSI）认证，并且具备注册通信布线设计师（RCDD）资格。

10.6.2 测试

（1）光纤必须采用光时域反射仪（OTDR）进行测试，并且应在两端采用 850 nm 和 1300 nm 波长进行测试。每次测试必须进行数据记录，并应附上测试工程师的签名。

（2）如果测试失败，必须立即进行整改，同时在移交文档中注明测试失败。当无法进行整改时，则必须现场更换并移除线缆和相关的组件。

（3）布线施工商必须向项目管理方提供所有测试相关信息，同时需要允许现场见证测试进程。

10.6.3 手册和文档

综合布线施工商必须在项目竣工时向项目管理方及物业移交以下文档资料。

（1）两套纸质竣工图纸和一张 CD-ROM 光盘，包含布线系统图、接线图、清晰显示所有标识位置的机柜配线图。所有图纸必须采用基于 Windows 系统的最新版本 AutoCAD 软件存储为 DWG 或 DXF 格式文件。

（2）通信机柜和配线架平面布置图。

（3）包含标签位置的信息插座表。信息插座表必须采用 Microsoft Excel 文件，并且同时配备打印版和 CD-ROM 光盘。

（4）配备打印版和测试数据（铜缆和光纤）的 CD-ROM 光盘。

（5）20 年的产品质量保证书。

■ 10.7　无线网络布线

10.7.1 私邸精装工程包含无线高速互联网（Wi-Fi）项目，并应为无线接入点（WAP）配备由主机房或中间数据机柜到末端的 UTP 六类线缆。所有前述六类线缆布线对导线管、电缆位置和终端的要求同样适用于 Wi-Fi 布线。本小节适用范围仅限于 Wi-Fi 网络布线的设计和安装。本节中对无线接入点的描述主要用于为无线网络布线的设计提供参考。

10.7.2 覆盖范围

当房间具有机械或其他隔断时,必须安装足够的设备以保证各个隔断子区域内信号的接收。应确保信号覆盖所有房间的空间。

10.7.3 安装参数

(1) 无线接入点安装必须满足以下要求。隐藏在公众视线之外,如在公共区域安装则必须安装美观并采取防破坏措施。无线接入点安装必须易于检修或更换。无线接入点必须具备以太网供电功能,但是亦可使用电源进行供电。Wi-Fi 网络的覆盖密度和无线接入点彼此的间距应保证以下最低信号接收强度。

①公共区域:88 dBm。

②房间:89 dBm。

(2) Wi-Fi 网络布线路由终端的接入点必须采用 8 针 RJ45 插孔。如果无线接入点安装于公共位置,则插孔必须安装在墙装面板之上,并且采用最短的接插网线以保证安装位置整洁干净并减少缠绕情况。无论信号强度的要求如何,无线接入点之间的信号重叠强度不低于 15%。任一无线接入点的覆盖范围不能超过 90 m。

10.8 接插线缆标准

10.8.1 配线架标准/跳线颜色

(1) 机柜配线系统必须采用不同的接插软线颜色以区分不同的设备商/系统,比如宽带网络、数字电视系统、迷你吧台、客用电话、无绳电话。

(2) 应用六类线必须遵循以下颜色规则,见表 10.1。

表 10.1 六类线颜色选用规则

计算机主机房/弱电间	颜 色
语音/传真线	浅蓝色
服务器连接线	红色
POS 系统	黑色
打印机	绿色
宽带互联网接入(含无线网络接入)	紫色
迷你吧台系统	橙色
电视系统	黄色
门禁系统	白色
接口	粉红色
无线对讲系统(DECT, Hilton)	棕色

续表

计算机主机房/弱电间	颜　　色
电子会议标识	银色
交叉跳线	深蓝色
桌面电缆	灰色

10.8.2 设备接插软线标准

所有设备如桌面电脑、笔记本、打印机等与六类线网络端口连接的接插软线必须为灰色。

10.9　房间技术服务

布线要求。

10.9.1 为保证使用质量和未来的适用性,必须采用四对双绞线(CAT6-RJ45)并相应进行标识。

10.9.2 写字台和/或客厅

(1)电话。

(2)高速互联网接入。

10.9.3 电视/电视柜

(1)数字电视。

(2)迷你吧台。

10.9.4 床头侧

(1)电话。

(2)高速互联网接入。

10.9.5 卫生间

电话。

11 睡眠、健康

■ 11.1 睡眠

舒适的睡眠需要一个安静的环境。

11.1.1 为获得良好的声环境,设计、材料及建筑式样选择必须充分重视噪声控制。

11.1.2 利用降噪及减振材料控制噪声,使振动对接受者产生的影响在可接受的范围内。

11.1.3 降噪及减振材料应用于墙壁、地板、天花板、门及窗户结构内,以减少室外或相邻房间和区域中噪声的穿透。

11.1.4 利用具有声吸收及声反射功能的材料衰减和扩散室内声音,并且控制混响时间及防止明显的回声和颤动,形成良好的室内声环境。

11.1.5 利用噪声与振动控制的措施和测试方法以达到隔绝室内/室外噪声的目的。

11.1.6 项目管理方必须遵照相关的要求(详见 7.5 节),实现设计效果。因此安装设备不应发出令人讨厌的声音及明显的振动。

11.1.7 项目管理方应自行审查一切有关的工程文件(包括建筑及结构图纸和技术规格)。就相关工程的建筑性质和特点,在施工前,设计师应注意全面考虑,因为诸多因素都会影响设计目标的实现。

11.1.8 项目管理方应确保全部装置/设备/措施在设计标准内有效运作,并在声学方面达到本书指定的噪声控制标准。

11.1.9 在施工或竣工期,项目管理方有责任进行一切声学控制、校正事宜,以达到本书指定的噪声控制标准及设计目标。

■ 11.2 健康

11.2.1 每个私邸项目经装修的室内都应有一个健康的环境,在工程完工至少 7 d 以后并且在工程交付使用前必须进行环境验收。

11.2.2 私邸项目及其室内装修工程应进行下列项目验收及报告。

(1)涉及室内新风量的设计、施工文件以及新风量的检测报告。

(2)涉及室内环境污染控制的施工图设计文件及工程设计变更文件。

（3）建筑材料和装饰材料的污染物检测报告、材料进场检验记录、复验报告。

（4）与室内环境污染控制有关的隐蔽工程验收记录、施工记录。

（5）样板间室内环境污染物浓度检测报告（不做样板间的除外）。

11.2.3 私邸项目中所用的所有建筑材料和装修材料的类别、数量和施工工艺等，应符合设计要求及有关规定。

11.2.4 私邸项目验收时，必须进行室内环境污染物浓度检测，并应符合有关规定。

11.2.5 私邸项目验收时，采用集中中央空调的工程，应进行室内新风量的检测，检测结果应符合设计要求和现行国家标准《公共建筑节能设计标准》（GB 50189—2015）的有关规定。

11.2.6 私邸项目室内空气中氡的检测，所选用方法的测量结果不确定度不应大于 25%，方法的探测下限不应大于 10 Bq/m³。

11.2.7 私邸项目室内空气中甲醛的检测方法，应符合现行国家标准《公共场所卫生检验方法 第 2 部分：化学污染物》（GB/T 18204.2—2014）中对酚试剂分光光度法的规定。

11.2.8 私邸项目室内空气中甲醛的检测，也可采用简便取样仪器检测方法，甲醛简便取样仪器应定期进行校准，测量结果在 0.01～0.60 mg/m³ 范围内的不确定度应小于 20%。当发生争议时，应以按照现行国家标准《公共场所卫生检验方法 第 2 部分：化学污染物》（GB/T 18204.2—2014）中的酚试剂分光光度法所得的测定结果为准。

11.2.9 私邸项目室内空气中氨的检测方法，应符合现行国家标准《公共场所卫生检验方法 第 2 部分：化学污染物》（GB/T 18204.2—2014）中对靛酚蓝分光光度法的规定。

11.2.10 私邸项目室内空气中总挥发性有机化合物（TVOC）的检测方法，应符合相关规定。

11.2.11 私邸项目验收时，应抽检每个建筑单体有代表性的房间的室内环境污染物浓度，氡、甲醛、氨、苯、总挥发性有机化合物的抽检量不得小于房间总数的 5%，每个建筑单体不得小于 3 间，少于 3 间的应全数检测。

11.2.12 私邸项目验收时，室内环境污染物浓度监测点数应按表 11.1 设置。

表 11.1 室内环境污染物浓度监测点数

房间使用面积/m²	监测点数/个
＜50	1
≥50，＜100	2
≥100，＜500	不少于 3
≥500，＜1000	不少于 5
≥1000，＜3000	不少于 6
≥3000	每 1000 m² 不少于 3

11.2.13 室内环境质量验收不合格的私邸项目，严禁投入使用。

12 LEED、WELL

■ 12.1 LEED

12.1.1 LEED 是一个评价绿色建筑的工具。宗旨是在设计中有效地减少对环境和住户的负面影响。目的是提出一个完整、准确的绿色建筑概念,防止建筑的"滥绿色化"。LEED 由美国绿色建筑协会提出并于 2003 年开始推行,在美国部分州和一些国家已被列为法定强制标准。

12.1.2 整合过程

对项目用能及用水系统进行分析。

12.1.3 位置与交通

(1) 项目主入口附近多样化用途分析。

(2) 项目附近优良公共交通分析。

(3) 设置自行车停车位。

(4) 停车库设置充电桩。

12.1.4 可持续场址

(1) 针对施工活动制定和实施水土流失及沉积控制方案。

(2) 采用本地植物绿化,保证项目范围内绿化率大于 30%。

(3) 室外可活动空间达到 30%,且其中 25% 进行绿化。

(4) 尽量处理项目场地内的雨水,如采用可渗透地面,结合绿化增加雨水渗透,减轻向市政管网的排水量。

(5) 减少热岛效应,采用种植屋面、格栅式铺装路面,并为停车位遮阴。

(6) 评估项目周围的光纤侵扰,并采取措施应对。

12.1.5 用水效率

(1) 景观绿化设计尽量减少灌溉需求。

(2) 卫生间洁具符合"water sense"或相应节水标准,洗衣机、洗碗机符合"energe star"或相应标准。

(3) 安装冷热水表。

12.1.6 能源与大气

(1) 由机电顾问负责各机电系统的调试并制订机电系统运营维护计划。

（2）空调系统采用环保冷媒。

（3）空调、地暖、冰箱等设备符合"energe star"或相应标准。

12.1.7 材料与资源

（1）厨房设湿垃圾搅拌机，户内其余垃圾分可回收与不可回收。

（2）施工期间对建筑垃圾进行分类。

（3）装饰设计尽量利用原有材料，如家具、地板等。

（4）尽量采用具有环保产品声明认证（EPD）的产品。

（5）采用具备企业可持续发展报告（CSR）的产品、FSC 认证木材和生物基材料。

（6）材料成分通过 GreenScreen V1.2、摇篮到摇篮、Reach 优化或其他 USGBC 认证。

（7）装饰材料来自 160 km 范围内。

12.1.8 室内环境质量

（1）室外与室内交界处设入口刮泥系统。

（2）室内污染区如卫生间、厨房设排风系统保持负压。

（3）空调系统新风经 H11 以上级别过滤（高于 LEED 的 F7 级别）。

（4）空调系统新风量高于美国采暖、制冷与空调工程师学会（ASHRAE）标准 30%。

（5）室内客厅、卧室设 CO_2 及 $PM_{2.5}$ 监控。

（6）90% 以上的室内装饰用复合木材、涂料、粘结剂、密封剂、天花、隔热隔声、家具、软装等材料应达到制造商声明的 CDPH SM V1.1 对 VOC 的控制要求。

　①湿式产品符合美国加州空气资源委员会（CARB）或南海岸空气质量管理地区（SQAQMD）对 VOC 的控制要求。

　②施工期间不使用空调、通风系统并密封管道。

　③项目入住前以 4267140 L/m^2 的通风量吹洗或对室内空气质量进行全面测试。

　④所有房间的空调、地暖、新风可控。

　⑤主要房间设计三种以上的照明控制模式供选择。

　⑥采用高寿命及显色指数 CRI 不小于 80 的光源。

　⑦照明设计要求：顶部直射照明小于 25%，墙面及天花照度与工作面照度的比值小于 10%。

　⑧尽量采用自然采光。

　⑨项目设计尽量使每个空间具有多方向的良好视野。

　⑩进行室内噪声控制，各房间混响时间少于 0.6 s。

　⑪对私密房间，考虑采用声音掩蔽系统，达到声级最大 48 dB(A) 的要求。

12.2　WELL

12.2.1 WELL 是一个基于性能的系统，它测量、认证和监测空气、水、光线、舒适等建筑环境特征。WELL 认证立足于医学研究机构，探索建筑与其居住者的健康和福祉之间的关系，让居住者了解到合理的建筑空间设计有利于提高健康和福祉,并且如他们所预期的那样运行。

12.2.2 空气

(1) 室内污染物控制要求,见表 12.1。

表 12.1 室内污染物控制要求

种 类	项 目	限 值	备 注
可挥发性物质	甲醛	27×10^{-9} μg/m³	—
	总挥发性有机化合物	500 μg/m³	—
颗粒物和无机气体	CO	9×10^{-6} μg/m³	—
	PM$_{2.5}$	15 μg/m³	—
	PM$_{10}$	50 μg/m³	—
	O$_3$	51×10^{-9} μg/m³	—
放射性物质	氡	4 pCi/L(148 Bq/ m³)	—

(2) 围护结构保证气密性。

(3) 每个房间均具备可开启外窗,并当室外 PM$_{2.5}$ 或 PM$_{10}$ 超标时关闭。

(4) 项目入住前以 4267140 L/m² 的通风量吹洗或对室内空气质量进行全面测试。

(5) 在潮湿区域如卫生间、厨房、地下室等设除湿设备,如通风器、空调或各类型除湿设备。

(6) 重点污染区域设排风设备,如厨房、卫生间、鞋柜等。

(7) 客厅空调设光催化设备。

(8) 施工期间不使用空调、通风系统并密封管道。

(9) 室外与室内交界处设入口刮泥系统。

(10) 装饰施工中限制石棉、多氯联苯、铅、水银的使用。

(11) 装饰设计使用易于清洁,如光滑表面、使用地毯部位可更换。

(12) 表面装饰材料耐磨、抗菌,测试满足要求。

(13) 所采用的垃圾桶应有盖。

12.2.3 水

(1) 基础水质:对项目冲厕水、洗澡水、饮用水进行取样,并对大肠杆菌和浊度进行测试,满足浊度小于 1.0 NTU、不含大肠杆菌。

(2) 无机污染物:测试水中铅、砷、锑、汞、镍、铜的含量。

(3) 有机污染物:测试水中多氯联苯、苯和苯乙烯、乙基苯、氯乙烯、甲苯、二甲苯的浓度。

(4) 农用污染物:测试水中除草剂、杀虫剂、化肥的含量。

(5) 公用水添加剂:测试水中消毒剂(氯及余氯胺)、消毒副产物(三卤甲烷、卤乙酸)、氟的含量。

(6) 对水中无机污染物进行季度性测试,对于再次不达标的进行补救处理。

(7) 水处理手段:根据不同的测试结果采用反渗透系统或动力降解过滤器、活性炭过滤器、紫外线杀菌。

(8) 饮用水:每层放置一台饮水机并定期维护,饮用水水质测试中口感要达到要求。

12.2.4 光线

(1) 背景照明达到 300 lx。

(2) 自然光、背景照明和工作照明灯具可独立或联合,以满足照度要求。

(3) 照明回路分区不大于 46.5 m²。

(4) 工作面和其他空间亮度之比小于 10∶1。

(5) 昼夜节律照明设计:工作区黑视素勒克斯(EML)达到标准要求。

(6) 电灯眩光:对经常使用的空间和工作台中灯具的单位面积照度进行计算,并对超标灯具进行遮挡。

(7) 太阳眩光:对 2100 mm 以下玻璃设置内外遮阳或可变透明度玻璃,对 2100 mm 以上玻璃除采用以上措施外使用反光板、反射膜。

(8) 低眩光工作台:电脑屏幕与垂直窗户面的夹角小于 20°,顶部灯具不要直射工作台。

(9) 显色指数 CRI 控制:平均不低于 80。

(10) 提高 LRVS 光线反射值:对工作区,控制天花板、墙面和家具表面的 LRVS 光线反射值,应分别达到 0.8、0.7 和 0.5。

(11) 对 0.55 m² 以上的窗户设置自动遮阳窗帘。灯具具备无人时自动调暗到 20% 的功能,具备使用时根据自然光连续调节的功能。

(12) 采用控制进深、增加天窗等手段增加自然光。

(13) 项目窗墙比为 20%～60%,大于 40% 时采用外遮阳,且将大部分的窗户设置在 2100 mm 以上,并尽量提高可见光透射率(大于 50%)。

12.2.5 舒适

(1) 如有需求,项目应进行无障碍设计。

(2) 家具如桌椅设计时考虑人体工程学,做到可调。

(3) 采取措施防止室外噪声侵入:室外侵入到室内的噪声平均声压级小于 50 dB(A)。

(4) 控制室内噪声:客厅 NC40、卧室 NC35。

(5) 厨房、卫生间、清洁间、酒窖等应保持负压并尽量采用密闭门,防止气味外溢。

(6) 室内热舒适度设计满足 ASHRAE 55 的规定。

(7) 通过开窗自然通风可运行在 10～33.5 ℃的区间内。

(8) 房间的混响时间达到 0.5～0.6 s。

(9) 材料选择考虑降噪系数(NRC):天花板墙面大于 0.8,客厅天花板大于 0.9。

(10) 室内隔断隔声等级 NIC 达到 35～40,房门采用密封条或空心门芯,施工时密封所有隔断缝隙。

(11) 所有房间的空调、地暖、新风可控。

(12) 对大空间客厅采用温湿度独立控制系统:独立新风系统＋辐射供冷(暖)系统。

13 BIM

13.1 基本定义

13.1.1 建筑信息模型(BIM)的应用是为了更好地贯彻国家新时期"适用、经济、绿色、美观"的建筑方针,推动 BIM 在建筑装饰装修工程中的实施和应用,满足 BIM 市场、技术创新的需求,提升建筑装饰装修工程 BIM 应用水平,保证建筑装饰装修工程质量。

13.1.2 BIM 标准适用于新建、扩建、改建和既有建筑装饰装修 BIM 的创建、应用和管理,并在建筑工程的全寿命期发挥作用。

13.1.3 建筑装饰装修工程 BIM 实施中,除应符合本章规定外,尚应符合国家现行有关标准的规定。

13.2 基本规定

13.2.1 装饰装修工程 BIM 应用宜覆盖工程项目的方案设计、施工图设计、深化设计、施工过程、竣工交付和运营维护五个阶段,也可根据工程项目的具体情况按照实际发生的阶段应用于某些环境或任务。

13.2.2 装饰装修工程 BIM 运用数字化处理方法对建筑工程数据信息进行集成和应用,应用中宜针对可视化、协调性、模拟性、优化性和可出图性进行单项应用或综合应用。

13.2.3 装饰装修工程 BIM 实施过程中,宜根据 BIM 所包含的各种信息资源进行协同工作,实现工程项目各专业、各阶段的数据信息有效传递,并保持协调一致。

13.2.4 项目应对装饰装修工程 BIM 进行有效的管理,BIM 所包含的各种数据信息应具有完善的数据存储与维护机制,满足数据安全的要求。

13.2.5 项目应对装饰装修工程 BIM 所采用的软件和硬件系统进行分析和验证,并结合工程项目的具体情况建立信息模型协同管理机制。

13.2.6 实施装饰装修工程 BIM 应具有建筑装饰装修工程设计专项资质和建筑装饰装修工程专业施工承包资质,宜由专业技术人员进行 BIM 软件的操作。

13.2.7 根据工程项目管理要求和工作流程,BIM 协同管理系统可与企业信息管理系统进行集成应用,最大化地发挥 BIM 的作用。

14 年度设备品牌表

年度设备品牌表,见表14.1。

表 14.1 年度设备品牌表

系统/设备名称		品牌/型号	备　注
空调系统	变频多联分体式空调机	大金(VRV-N系列) 小空间:智能3D气流风管式温湿平衡型 大空间:超薄风管式温湿平衡型 客厅/餐厅/社交厨房:智能3D新风PM$_{2.5}$净化型 衣帽间:防潮嵌入式标准型 厨房:厨房嵌入式LED型	大空间根据需要,也可以选择智能3D温湿平衡型,但风口样式应确认
地暖系统	冷凝式燃气采暖热水炉	菲斯曼	
		Vitodens 200-W	
	卫浴暖气片	菲斯曼	
	分集水器	卡莱菲	
	温控器	卡莱菲	
生活热水	热水储水罐	菲斯曼	
水泵	热水循环泵	格兰富	
	地暖增压泵	格兰富	根据需要配置
	排水泵	格兰富	
新风换气系统	全热交换器	大金	换气/PM$_{2.5}$过滤
中央净味系统		松下	根据需求配置
中央除尘系统		霍尼韦尔	根据需求配置
浴室通风设备	专用空调	大金(卫浴嵌入式专用空调)	卫生间
		冷风/暖风/换气/干燥/除湿	
	暖风机	松下	保姆用卫生间
		自然风/暖风/换气/干燥/除湿	
管道排风机		科禄格	
恒温恒湿空调机		海洛斯	
中央除湿机		霍尼韦尔	
光催化设备		上海艾普罗	
烟雾净化器		Airgenic/挪威	

续表

系统/设备名称		品牌/型号	备 注
中央净水/直饮水/软化水设备		德国水丽 Cillit 反冲洗：Multipur A、UF 超滤净水机、无盐软水机、直饮机	
康乐设备	砂缸/加药	喜活	
	配件(给水口/排水口/吸污口/溢流口)	喜活	
	爬梯/扶手	喜活	
	水下灯	喜活	
	循环水泵	喜活	
	pH 调整/消毒加药/臭氧消毒	普罗明特	
	水质监测	水卫士	
	除湿热泵	加路力士	
	干湿蒸炉	帝梦/瑞典	
配电箱	空气开关	施耐德	
	浪涌保护器	施耐德	
	变频器/软启动	施耐德	
发电机		康明斯	
插座和灯控面板		施耐德	
LED 光源		飞利浦	
电梯		蒂森克虏伯/奥的斯/通力	
弱电智能化设备	主控制系统	霍尼韦尔/Control 4	
安防监控	监控	霍尼韦尔/安迅士/派尔高/博世	热成像和激光成像
	红外线	霍尼韦尔/博世	
网络	网络交换机	思科/Aruba/Ruckus	
	路由器	思科/Aruba/Ruckus	
	服务器	思科/Aruba/Ruckus	
	综合布线	康普/安普/百通/泛达	
卫星电视	接收机和调制解调器	BARCO/飞利浦	针对特殊用户
消防/报警	感烟探测器	霍尼韦尔	
	燃气探测器	霍尼韦尔	
紧急报警求助		霍尼韦尔/泰科/博世	
门禁	智能门锁	霍尼韦尔/耶鲁	
	可视对讲	霍尼韦尔/Control 4	
UPS 电源		艾默生/APC	
背景音乐		一般：泊声 高级：TOA/KLOTZ	特殊情况下选 BOSE/JBL
家庭影院	音响		
智能照明	智能调光	路创	
楼宇监控	楼宇监控	霍尼韦尔/江森	

15　年度材料品牌表

年度材料品牌表,见表 15.1。

表 15.1　年度材料品牌表

材 料 名 称	品　　牌	材 质 要 求
铜管	龙煜/永享	
橡塑保温	阿乐斯福乐斯	密度 50～60 kg/m³,含水率小于 7.5%,湿阻因子大于 10000,导热系数小于 0.034 W/(m·K)
卡扣		
镀锌钢板	宝钢/武钢/鞍钢	
风口		
定风量阀	妥斯	
PEX 管	菲思曼	
挤塑泡沫板	圣奎/台丰/绿羽	厚 30 mm,密度 35 kg/m³
PPR 管	阔盛	
不锈钢管	金羊/华涛	
铸铁管	泫氏/超前钻石	
涂塑钢管	金洲	
HDPE 管	顾地/金德	
PVC/UPVC 管	顾地/金德	
减压阀/自动排气阀	泰科/沃茨	
电动阀/闸阀/止回阀/过滤器	泰科/沃茨	
水泵隔振/隔振弹簧	上海青浦环新	
压力表	上海宜川/上仪四厂	
电线管	金洲/上海劳动	
线缆	宝胜/远东	
液位控制器	欧姆龙	
不锈钢水箱	森松/美田	